Biologen in der Industrie

Tilman Achstetter   Gerd Klöck

Biologen in der Industrie:
Was erwartet sie?

Ein virtuelles Praktikum

Professor Dr. Tilman Achstetter   Professor Dr. Gerd Klöck
Hochschule Bremen, Neustadtswall 30, 28199 Bremen
tilman.achstetter@hs-bremen.de
gerd.kloeck@hs-bremen.de

Wichtiger Hinweis für den Benutzer
Der Verlag und die Autoren haben alle Sorgfalt walten lassen, um vollständige und akkurate Informationen in diesem Buch zu publizieren. Der Verlag übernimmt weder Garantie noch die juristische Verantwortung oder irgendeine Haftung für die Nutzung dieser Informationen, für deren Wirtschaftlichkeit oder fehlerfreie Funktion für einen bestimmten Zweck. Der Verlag übernimmt keine Gewähr dafür, dass die beschriebenen Verfahren, Programme usw. frei von Schutzrechten Dritter sind. Die Wiedergabe von Gebrauchsnamen, Handelsnamen, Warenbezeichnungen usw. in diesem Buch berechtigt auch ohne besondere Kennzeichnung nicht zu der Annahme, dass solche Namen im Sinne der Warenzeichen- und Markenschutz-Gesetzgebung als frei zu betrachten wären und daher von jedermann benutzt werden dürften. Der Verlag hat sich bemüht, sämtliche Rechteinhaber von Abbildungen zu ermitteln. Sollte dem Verlag gegenüber dennoch der Nachweis der Rechtsinhaberschaft geführt werden, wird das branchenübliche Honorar gezahlt.

Bibliografische Information der Deutschen Nationalbibliothek
Die Deutsche Nationalbibliothek verzeichnet diese Publikation in der Deutschen Nationalbibliografie; detaillierte bibliografische Daten sind im Internet über http://dnb.d-nb.de abrufbar.

Springer ist ein Unternehmen von Springer Science+Business Media
springer.de

© Spektrum Akademischer Verlag Heidelberg 2009
Spektrum Akademischer Verlag ist ein Imprint von Springer

09 10 11 12 13   5 4 3 2 1

Planung und Lektorat: Dr. Ulrich G. Moltmann, Dr. Christoph Iven
Herstellung: Sabine Bartels
Umschlaggestaltung: SpieszDesign, Neu-Ulm
Titelfotografie: © Getty Images /Altrendo Images
Fotos/Zeichnungen: von den Autoren
Redaktion: Anette Heß
Satz: Crest Premedia Solutions (P) Ltd., Pune, Maharashtra, India
Druck und Bindung: Krips b.v., Meppel

Printed in The Netherlands

ISBN 978-3-8274-1877-7

Inhaltsverzeichnis

Vorwort

Mit einem naturwissenschaftlichen Studium erwirbt man heute in der Regel nach drei Jahren zunächst den Grad des Bachelor of Science. Mit diesem Abschluss wird einem Absolventen ein naturwissenschaftliches Grundverständnis attestiert. Dem Bologna-Prozess folgend hat ein Bachelor damit seinen ersten berufsqualifizierenden Hochschulabschluss erworben. In diesem Sinne sollten die jeweiligen Studienprogramme über die Vermittlung von reinem Fachwissen hinaus auf eine berufliche Tätigkeit vorbereiten. In seinem Fachstudium allein wird ein Bachelor allerdings kaum konkrete Vorstellungen vom Arbeitsalltag gewonnen haben.

Praktika in der Wirtschaft sind nach allgemeiner Ansicht die beste Möglichkeit, sich Einblicke in den zukünftigen Arbeitsalltag zu verschaffen. Leider lassen gerade naturwissenschaftliche Bachelor-Studiengänge in ihrer modernen, komprimierten Form für solche Praktika oft nicht genügend Raum.

Wir, die Autoren des vorliegenden Buches, haben in den zurückliegenden Jahren selbst an der Gestaltung eines bewusst praxisorientierten, konsekutiven Bachelor- und Masterstudienprogramms der Biologie mitgewirkt (Internationaler Studiengang Technische und Angewandte Biologie ISTAB B.Sc./M.Sc. der Hochschule Bremen). Um unsere Absolventen berufsbezogen ausbilden zu können, haben wir auf der Grundlage eigener langjähriger Erfahrung aus einer Tätigkeit in der Wirtschaft ein neuartiges Konzept zur Vermittlung des erforderlichen Praxiswissens entwickelt. Im Anschluss an ihren obligatorischen einjährigen Auslandsaufenthalt werden unsere Studierenden im Abschlusssemester zu Mitarbeitern der Forschungs- und Entwicklungsabteilung der virtuellen Firma TiGer BioTec. Sie erhalten den Auftrag, für die Geschäftsführung dieser Firma innerhalb von vier Monaten eine Machbarkeitsstudie zu einer Produktidee anzufertigen. Dieses Planspiel beschränkt sich nicht auf rein virtuelle Aktivitäten, sondern schließt auch eigene Laboruntersuchungen, Kontakte zu realen Firmen und zu anderen Forschungsinstituten ein. Die Studierenden erfüllen die ihnen gestellte Aufgabe unter Bedingungen, wie sie in der Wirtschaft vorgefunden werden. Zu nennen sind hier schlagwortartig: Projektorganisation, Arbeitspakete, Teamarbeit, Arbeiten mit begrenzten Ressourcen (Zeit, Geld, Wissen), Beachtung von Meilensteinen, Fokus der Aktivitäten ausgerichtet auf ökonomische Machbarkeit.

Dieses Unterrichtskonzept erweist sich seit mehreren Jahren als erfolgreich, wie die guten Berufschancen unserer Absolventen zeigen.

Mit dem vorliegenden Buch wollen wir einem breiteren Leserkreis die Möglichkeit eröffnen, von unseren Erfahrungen in der Vermittlung von berufsrelevanten Kompetenzen zu profitieren. Es vermittelt anhand eines Planspiels auf für Naturwissenschaftler neuartige Weise eine Vorstellung von einer beruflichen Tätigkeit außerhalb der grundlagenorientierten Forschung. Es führt den Leser durch ein virtuelles Industriepraktikum, wobei für uns, die Autoren, die Vermittlung einer Vorstellung über die Arbeit von Biologen in einem Unternehmen im Vordergrund steht. Virtuell wollen wir dieses Praktikum nennen, weil Sie, der Leser dieses Buches, seine Praktikantentätigkeit im Rahmen eines Planspiels ausüben können. Für die Lösung der Praktikumsaufgaben benötigen Sie zusätzlich zu diesem Buch nur einen Internetzugang. Wir bieten Ihnen darüber hinaus an, in unserem Blog (tigerbiotec.blogspot.com) mit uns und anderen Lesern dieses Buches direkt in Kontakt zu treten. Dort stellen wir weitere Arbeitsmaterialien zur Verfügung.

Bearbeitet wird im Rahmen des virtuellen Praktikums ein Projekt, welches Sie als Praktikanten zur Mitarbeit an einer Produktentwicklung auffordert. Die Praktikantentätigkeit befasst sich in voller Absicht mit einer auf den ersten Blick scheinbar ungewöhnlichen Thematik. Wir haben dieses Beispiel bewusst ausgewählt, um den exemplarischen Charakter des Planspiels herauszustellen. Denn wie sagte der Molekularbiologe und Nobelpreisträger Sidney Brenner: »*Es gibt in der Biologie nun einmal keinen allgemein gültigen Weg, wie man etwas verstehen kann. Biologie ist das Gebiet, in dem das Beispiel alles ist. Es ist nicht Beispiel für irgendetwas anderes. Es ist, was es ist. Und zwar, weil es auf die Details ankommt*« (DIE ZEIT 42/2002, Seite 34). Wie in der Biologie so lassen sich auch in der Wirtschaft Beispiele nicht beliebig verallgemeinern, dennoch erlaubt ihre detaillierte Betrachtung, Zusammenhänge besser zu verstehen. Im Sinne des Zitats dient das gewählte Projekt der Veranschaulichung von Methoden und Denkweisen in der Wirtschaft. Es beschränkt sich ganz bewusst auf bestimmte Aspekte der Entwicklung eines Produkts.

Durch konkrete Praktikumsaufgaben, welche den Leser direkt ansprechen, fordern wir ihn zur aktiven Mitarbeit auf und machen für ihn die Tätigkeiten eines Praktikanten in der Wirtschaft anschaulich. Damit wird der Leser direkt involviert, er wird in Strukturen, Denkweisen und Arbeitsabläufe in der freien Wirtschaft eingeführt. Für den Biologen fachfremde Begriffe werden in gekennzeichneten Boxen kurz direkt im Text erläutert. Zusätzlich findet der Leser ein umfangreiches Glossar und eine Reihe von Arbeitsmaterialien in Form von Formularen und Tabellen am Ende des Buches.

Das Buch will eigene Praxiserfahrung nicht ersetzen. Es ist auch kein Lehrbuch der Betriebswirtschaft, der Produktentwicklung oder des

Projektmanagements. Es vermittelt einen ersten Eindruck von Denk-
und Arbeitsweisen der Wirtschaft und dient daher dem angehenden
Naturwissenschafter als Orientierungshilfe und „Survival-Handbuch" auf
dem Weg in seine berufliche Zukunft.

Für Diskussionen und hilfreiche Anmerkungen danken die Autoren (in
alphabetischer Reihenfolge) Holger Bengs, Jan Detmers, Sylvie Duckie,
Pieter Harmen Floré, Udo Hedtmann, Christine Lang, Gabi Witter, den
Absolventen des ISTAB-Jahrgangs 2007 Jessica Bösch, Kristina Burkert,
Valentin Chikin, Linda Gätjen, Izabela Götz, Nancy Horvath, Sofia
Lawén, Miriam Mann, Mirja Meiners, Antje Nentwig, Patricia Walden
und Catharina Wiegel. *Nota bene*: Im Sinne einer klaren Darstellung ver-
wenden die Autoren Begriffe wie „Praktikant", „Leser", „Mitarbeiter"
usw. synonym für weibliche wie männliche Personen.
Bremen, im Juli 2008

Tilman Achstetter   Gerd Klöck

1. | Einleitung

Das Biologiestudium erfreut sich einer großen Anziehung. Nach den Informationen der Agentur für Arbeit nehmen in Deutschland jährlich etwa 10.000 junge Leute ein Biologiestudium auf, insgesamt sind an deutschen Hochschulen ca. 50.000 Studierende für dieses Fach eingeschrieben. In jedem Jahr schließen rund 5.000 Absolventen ihre Ausbildung erfolgreich ab.

In ihrem Studium haben sie sich beispielsweise in der Zoologie und der Botanik mit der Artenvielfalt befasst, sie haben in der Genetik molekulare Stammbäume entwickelt, in der Zellbiologie Proteine gereinigt oder in der Verhaltensforschung das Zusammenleben von Korallenfischen beobachtet. Die meisten Absolventen würden sich gerne auch nach dem Studium wissenschaftlich mit derartigen Themen beschäftigen. Leider wird es nach der bekannten Arbeitsmarktlage nur einem Bruchteil dieser Absolventen möglich sein, bis zum Abschluss ihres Berufslebens in der Grundlagenforschung tätig zu bleiben.

Sollte man angesichts dieser Perspektiven also besser erst gar nicht Biologie studieren? Hier ist Vorsicht vor einem vorschnellen Urteil geboten, die Anzahl der Arbeit suchenden Biologen lag nach den Informationen der Agentur für Arbeit in den letzten Jahren stets unter der Zahl der Absolventen eines Jahrgangs! Wenn Biologen beruflich tatsächlich weitgehend chancenlos wären, müsste die Zahl der Arbeitsuchenden von Jahr zu Jahr deutlich ansteigen. Dies ist aber nicht der Fall.

Wo finden alle diese Biologen eine berufliche Tätigkeit? Fragt man bei den Verbänden oder bei der Agentur für Arbeit nach, so können diese zum Verbleib von Biologen auf dem Arbeitsmarkt im Detail wenig Auskunft geben. Eine Analyse der Stellenangebote für Biologen der Agentur für Arbeit aus dem Jahr 2007 liefert ein überraschendes Bild vom Berufsfeld dieser Naturwissenschaftler: Neben den zu erwartenden Angeboten aus den Bereichen Hochschule und Industrieforschung kommen die meisten Nachfragen nach Biologen aus den Bereichen Gesundheitswesen, öffentliche Verwaltung, Handel und Kreditgewerbe sowie Unternehmensberatung.

Wie Sie sehen werden, kommt nur eine Minderheit der unbefristeten Stellenangebote aus dem Bereich Hochschulen und Forschungseinrichtungen. Wäre nicht demnach der logische Schluss, dass angehende Biologen ihr Studium besser auf die Anforderungen einer Tätigkeit in der Wirtschaft hin ausrichten sollten? Dies würden sie sicher tun, wenn sie nur könnten. Berufliche Qualifikation in den Naturwissenschaften bedeutet das Beherrschen von Methoden, d. h. speziellen Arbeitstechniken und Denkweisen. Für Biologen sind wissenschaftliche Arbeitstechniken wie DNA-Sequenzierung und ELISA-Verfahren völlig selbstverständlich, wohl aber nicht Überlegungen zur Wirtschaftlichkeit und zum Patentrecht oder zu Maßnahmen zur Qualitätssicherung.

Wir können voraussetzen, dass die Absolventen naturwissenschaftlicher Studiengänge eine grundlegende wissenschaftliche Ausbildung erfahren haben, wobei ihnen Begrifflichkeiten wie These und Antithese, notwendige und hinreichende Voraussetzung wie auch die Auseinandersetzung mit wissenschaftlichen Argumentationen und Resultaten nahegebracht wurden. Die Vermittlung einer wissenschaftlich-methodisch orientierten Herangehensweise an ein Problem stellt schließlich die Kernaufgabe einer Hochschulausbildung dar. Welche Arbeitsweisen werden dagegen für eine Tätigkeit in der Unternehmensberatung oder im Handel benötigt? Für Biologiestudenten könnte es sich in Hinblick auf ihre Berufschancen als hilfreich erweisen, an Arbeits- und Vorgehensweisen der Wirtschaft wie geschäftsorientiertes Denken und Handeln und grundlegende Methoden des Projektmanagements schon frühzeitig herangeführt zu werden.

Im Sinne einer Praxisorientierung moderner Studiengänge werden zunehmend Veranstaltungen angeboten, die so genannte *soft skills* vermitteln, wie etwa Kommunikationsfähigkeit, Präsentationstechniken usw. Aber was bedeutet „Kommunikationsfähigkeit" ganz konkret für den Beruf des Naturwissenschaftlers? Zweifellos sind die Fähigkeiten, wissenschaftliche Veröffentlichungen zu schreiben bzw. in Seminaren und Kongressen Vorträge zu halten, wichtige Aspekte. Sie berücksichtigen aber nicht die Kommunikation zwischen Mitarbeitern eines Teams oder mit Kunden eines Unternehmens. Offensichtlich benötigt das Training derartiger *soft skills* einen spezifischen situativen Kontext. Wäre es nicht zielführender, diese Fähigkeiten „draußen" zu erlernen, mit direktem Bezug zur Berufspraxis?

Das Dilemma eines naturwissenschaftlichen Bachelor-Studiums bleibt also, eine Ausbildung gleichzeitig an den Erfordernissen der Arbeit im wissenschaftlich-akademischen Umfeld *und* an den Erfordernissen einer gezielten Berufsqualifikation für die Wirtschaft auszurichten. Für den Erwerb berufsspezifischer Qualifikationen werden den Studierenden daher dringend Berufspraktika empfohlen. In Einzelfällen können Dozenten solche Praktika vermitteln, meist ist aber die Eigeninitiative der Studierenden gefordert. Bei der Ingenieursausbildung bestehen enge Beziehungen zwischen der Wirtschaft und den Hochschulen in Hinsicht auf die Gestaltung des Curriculums. Damit können Wissensstand und Qualifikation bei Ingenieuren von Unternehmen realistisch eingeschätzt werden, Praktikanten können ohne Schwierigkeiten und für beide Seiten sinnvoll in den laufenden Betrieb integriert werden. Denk- und Arbeitsweise in der Wirtschaft wird angehenden Ingenieuren bereits während ihres Studiums vermittelt.

Bei Naturwissenschaftlern stellt sich diese Situation anders dar. Infolge ihrer nicht primär auf eine Tätigkeit in der Wirtschaft ausgerichteten Studienprogramme ist ihr gezielter Einsatz als Praktikanten für Unternehmen oft nur schwer realisierbar. Da die komprimierten Bachelor-Studiengänge kaum Zeit für ein längeres Industrie-Praktikum lassen, stehen die Studierenden hier vor einem weiteren Problem. Firmen akzeptieren häufig Praktikanten nur für eine Dauer von mindestens sechs Monaten.

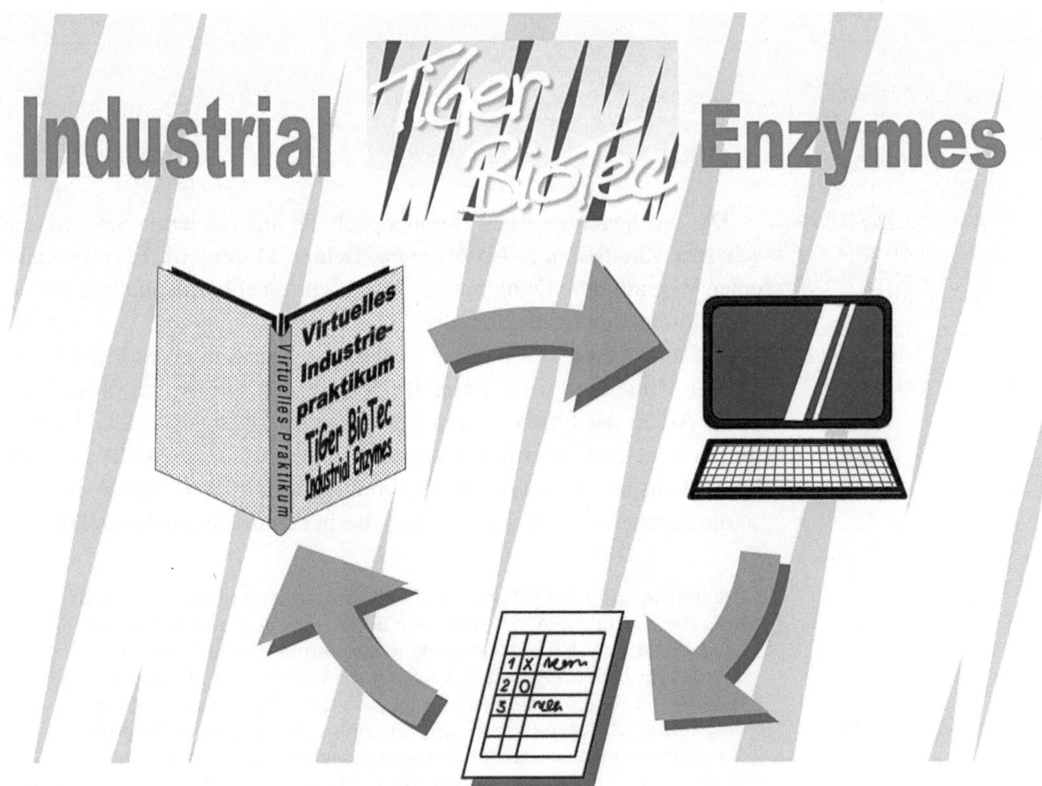

Abb. 1.1 *Ein Praktikum in der virtuellen Firma TiGer BioTec Industrial Enzymes. Die virtuelle Firma TiGer BioTec soll in einem Planspiel alltägliche Vorgänge, Prozesse, und Situationen in einem Unternehmen veranschaulichen und nachvollziehbar zu machen. Hierbei wird der Leser durch Praktikumsaufgaben in die ersten Phasen einer industriellen Produktentwicklung eingeführt. Anhand von Praktikumsaufgaben im Buch erlernt der Leser wesentliche Arbeitstechniken der computergestützten Recherche und deren professionelle Auswertung und Dokumentation. Das virtuelle Praktikum, welches mit dem vorliegenden Buch absolviert wird, benötigt demnach nichts außer einem Internet-Zugang. Die Arbeitshilfen am Ende des Buches unterstützen den Leser.*

Auswertung

| Seite 1 von | Praktikumsaufgabe Nr.: 1.1 |
| Datum: | |

Nr.	Biologe (ausdrücklich)	Biologe (auch)	Öffentl. Dienst	Industrie: 1. Biotechnologie 2. Chemie 3. Pharmazie 4. Nahrungsmittel	Dienstleister	Aufgabe 1. Forschung 2. Produktion 3. Vertrieb 4. Andere	Arbeits-verhältnis (befristet / unbefristet)
1	X		X			1	befristet
2		X		4		2	unbefristet
3		X			X	4. Beratung	unbefristet

Abb. 1.2 *Die Tabelle zeigt ein Beispiel, wie die Auswertung Ihrer Recherche aussehen könnte. Das Formular hierfür finden Sie in den Arbeitshilfen (Kapitel 9).*

Das vorliegende Buch wendet sich an interessierte Naturwissenschaftler (Studierende, Absolventen, Lehrer, Dozenten). Es zeigt ihnen einen Weg aus dem Dilemma des Anspruchs einer berufsqualifizierenden Ausbildung einerseits und der kurzen Ausbildungszeit von nur drei Jahren andererseits. Der Leser wird in die Situation eines Praktikanten bei der virtuellen Firma TiGer BioTec versetzt und ist auf diese Weise in die Arbeit der Firma unmittelbar mit einbezogen (Abb. 1.1). Er übernimmt verschiedene projektbezogene Praktikumsaufgaben (die als solche im Text ausgewiesen sind und die er aufgefordert ist, zu lösen) und lernt so die geschäftsorientierte Arbeitsweise in einem Unternehmen kennen.

Praktikumsaufgabe 1.1: Hier stellt sich Ihnen eine erste Praktikumsaufgabe. Suchen Sie in regionalen und überregionalen Tages- und Wochenzeitungen, in Datenbanken von Verbänden und bei der Bundesagentur für Arbeit das Angebot an Stellen, die Biologen oder (ohne wörtlich die Biologie zu nennen) Vertreter der Biologie verwandter Berufsausrichtungen zu einer Bewerbung auffordern. Sie sollten mindestens 100 Anzeigen zusammentragen und, unter Angabe der Fundquelle, tabellarisch dokumentieren (Abb. 1.2). Ordnen Sie die Angebote den folgenden Kategorien zu: Hochschulen und (Groß-)Forschungseinrichtungen, Öffentlicher Dienst, Chemische und agrochemische Industrie, Pharmazeutische Industrie, Nahrungs- und Futtermittelindustrie, Medizintechnik, Gesundheitswesen, sonstige private Dienstleister, Verbände, Banken und Unternehmensberatungen. Fügen Sie gegebenenfalls weitere Kategorien hinzu. Ermitteln Sie den Anteil an Angeboten außerhalb des Bereichs von Hochschulen und Forschungseinrichtungen.

Das Buch bietet eine praxisorientierte Ergänzung zum naturwissenschaftlichen Fachwissen. Gleichzeitig liefert es eine nützliche „Methodensammlung" für eine spätere Tätigkeit in der Wirtschaft. Es ist kein Lehrbuch, sondern soll eine Orientierungshilfe für Arbeitsfelder außerhalb des „Biotops" Hochschule geben.

2. | Das Berufsbild des Bachelors

In der Regel haben junge Leute das Studium der Biologie als Ausbildung gewählt, weil sie sich für die wissenschaftliche Arbeit an biologischen Objekten begeistern. Ihr Interesse an der Biologie wurde meist von ihren Lehrern geweckt. Ihr Bild von der Tätigkeit des Biologen ist das eines Wissenschaftlers in der Forschung oder das eines Lehrers. Eine spätere Tätigkeit in der Wirtschaft wird von ihnen zu Beginn ihres Studiums kaum je in Betracht gezogen. Wie Sie sich im vorherigen Kapitel überzeugen konnten, bietet aber die Industrie die besten Perspektiven für Biologen und der Biologie verwandte Berufsausrichtungen.

Welche Einsatzgebiete gibt es hier für Biologen? Welche gibt es in der Wissenschaft? Ihre Analyse der Stellenangebote (Praktikumsaufgabe 1.1) wird Ihnen auch gezeigt haben, dass branchenübergreifend in der Industrie vor allem Techniker und Ingenieure gesucht werden.

Das Berufsbild eines Technikers (eines Technischen Assistenten, eines Laboranten) ist etabliert, die Aufgaben- und damit die Stellenbeschreibungen in der Industrie sind eindeutig. Sachkenntnis und praktische Fähigkeiten, die in der (nicht akademischen) Ausbildung erworben werden, sind mit der Industrie abgestimmt, sodass Tätigkeitsbereich und Stellung eines Technikers in der Hierarchie der Verantwortlichkeit klar definiert sind. Techniker sind, soweit es die Forschung und Entwicklung in Unternehmen betrifft, überwiegend für die Durchführung von Experimenten und deren sachgemäße Dokumentation zuständig.

Absolventen technischer Studiengänge, z. B. Ingenieure des Maschinenbaus oder der Elektrotechnik, werden im Gegensatz zu Technikern überall dort eingesetzt, wo es um Haftung und Verantwortung in einem Unternehmen geht. Projektplanung, -durchführung und -steuerung im Rahmen von Normen und gesetzlichen Vorschriften beschreiben ihren Aufgabenbereich.

Auch das Berufsbild des Naturwissenschaftlers scheint klar umrissen. Als Spezialist zeichnet er sich durch profunde Fachkompetenz in seiner wissenschaftlichen Teildisziplin aus. Als Nachweis hierfür wird in vielen Fällen, wie die Analyse der Stellenangebote (Praktikumsaufgabe 1.1) zeigt, die Promotion gefordert. Seine Aufgabe in einem

Unternehmen ist dadurch bestimmt, dass er Projekte auf dem aktuellen Stand seines Forschungsgebiets leitet. Somit ist seine Tätigkeit durch die Entwicklung von wissenschaftlichen Konzepten und strategischer Planung, vor allem aber durch die Kommunikation komplexer wissenschaftlicher Zusammenhänge charakterisiert.

Welchen Aufgabenbereich können Bachelor-Absolventen eines naturwissenschaftlichen Studiums in dieser „Personal"-Struktur von Technikern, Ingenieuren und Wissenschaftlern übernehmen? Hat die Industrie hier schon klare Vorstellungen von deren Einsatzmöglichkeiten?

Aus dem Ausgeführten ergibt sich für den Biologen mit Bachelor-Abschluss ein attraktives Berufsbild. Unter der Voraussetzung einer entsprechenden fachlichen Kompetenz etwa in den Grundlagen der Chemie, Biochemie, Molekularbiologie, Zellbiologie, Stoffwechselphysiologie und Bioinformatik hat er in der Life-Science-Branche Zugang zu Tätigkeiten, die Haftung und Verantwortungmit sich bringen. Bachelor-Absolventen unseres Studienprogramms (ISTAB B.Sc., Hochschule Bremen) arbeiten heute schon in der Produktentwicklung, als Laborleiter, in der Qualitätssicherung und der Dokumentation, im Projektmanagement und im technischen Vertrieb.

Das Berufsbild des Biologen mit einem Bachelor-Abschluss ist demnach zu vergleichen mit dem eines Ingenieurs (Bachelor of Engineering, B.E.), z. B. in der Automobilindustrie. Sein wissenschaftliches Studium befähigt ihn dazu, in verschiedenen Abteilungen eines Unternehmens verantwortungsvolle Aufgaben fachgerecht zu bearbeiten. Infrage kämen, über Forschung und Entwicklung hinaus, beispielsweise die Bereiche Qualitätssicherung, Technischer Vertrieb und Marketing. Er ist im Unterschied zu promovierten Absolventen noch nicht „zu spezialisiert", um nicht im Unternehmen auch fachübergreifend, d. h. bei Querschnittsaufgaben, eingesetzt zu werden. Im folgenden Planspiel werden Sie am Beispiel der Entwicklung eines neuen Produkts selbst einige Einsatzmöglichkeiten in der Life-Science-Branche für einen Biologen mit Bachelor-Abschluss kennenlernen.[1]

Projekte in der Industrie erfordern eine konkrete Planung und Durchführung, welche alle notwendigen Ressourcen wie verfügbare Mitarbeiter, finanzieller Rahmen und zeitliche Vorgaben berücksichtigen.[2] Eine typische Produktentwicklung ist in fünf aufeinander folgende Projektphasen gegliedert (Abb. 2.1). Die Umsetzung einer Produktidee erfordert zunächst die Entwicklung eines Konzeptes, basierend auf einer Analyse des angestrebten Marktes sowie einer Festlegung der Produktspezifikationen. Konkrete Aufgaben für einen Biologen können hierbei zunächst darin bestehen, mögliche Konkurrenzprodukte zu identifizieren und zu analysieren und auf der Basis seiner naturwissenschaftlichen Kenntnisse Recherchen zu Anbietern, Preisen, vergleichbaren

[1] Die Life-Science-Branche umfasst u. a. die Bereiche Biotechnologie, Biomedizin und Lebensmitteltechnologie.

[2] Projekt: Isolierte Fragestellung, begrenzte Zeit, quantifizierbare Ziele

Produkten, aber auch wissenschaftlichen Hintergrundinformationen und Patenten durchzuführen. In diesem Bereich kann sicher ein sinnvolles Einsatzgebiet für Bachelor-Absolventen gesehen werden. Hat eine Produktidee diese erste „Hürde" der Konzeptentwicklung genommen, schließt sich eine Phase der angewandten Forschung an. Es müssen Untersuchungen zur technischen Machbarkeit unter Berücksichtigung der rechtlichen Rahmenbedingungen durchgeführt werden. Auf die Aufgaben einer derartigen Recherche ist ein Bachelor der Biologie aufgrund seiner wissenschaftlich-methodischen Ausbildung ebenfalls bestens vorbereitet. Oft schließt eine Produktentwicklung die Entwicklung von Labormodellen und Prototypen ein. Diese experimentellen Untersuchungen bieten für den naturwissenschaftlich ausgebildeten Bachelor ein weiteres interessantes Tätigkeitsfeld.

Die weiteren Schritte einer Produktentwicklung bis hin zur Produktion und Vermarktung, wie sie in Abbildung 2.1 dargestellt

Abb. 2.1 *Phasen der Produktentwicklung. Den Prozess der Produktentwicklung kann man sich als Stufenprozess vorstellen. Ist er erfolgreich, so führt dieser Prozess von der Produktidee bis hin zur Vermarktung, wobei die folgende Phase jeweils erst in Angriff genommen wird, wenn die vorhergehende Phase erfolgreich „bezwungen" wurde.*

sind, sollen hier aus Gründen einer klareren Darstellung nicht genauer betrachtet werden. Sie würden den zeitlichen Rahmen eines Praktikums in jedem Falle sprengen. Auch würde ein Unternehmen in diesen kritischen Phasen einer Entwicklung vermutlich keine Praktikanten beschäftigen. Damit soll nicht gesagt werden, dass diese Bereiche für Biologen verschlossen bleiben, sie bieten ganz im Gegenteil vielfältige interessante Berufsmöglichkeiten.

Jede Produktentwicklung erfordert von Anfang an eine begleitende Qualitätssicherung. Wesentliches Werkzeug der Qualitätssicherung ist die Dokumentation. Diese Dokumentation setzt ein Verständnis dessen voraus, was dokumentiert werden soll. Sie folgt den Regeln der Nachvollziehbarkeit, wie sie in jeder wissenschaftlichen Dokumentation angewandt werden. Ein entsprechender Bachelor-Studiengang kann die hierfür notwendigen, speziellen Voraussetzungen bei seinen Absolventen schaffen.

Nachvollziehbarkeit und damit Reproduzierbarkeit von Abläufen sind die obersten Maximen einer naturwissenschaftlichen Tätigkeit. In diesen sind Bachelor-Absolventen entsprechender Studiengänge geschult. Im Unternehmen kann ein Bachelor damit Verantwortung für die fachgerechte Dokumentation von Prozessen übernehmen. Eine derartige Dokumentation geht über die Auflistung von Messdaten weit hinaus, sie muss eine Aussage über die Validierung[3] und Qualifizierung[4] von Prozessen und Geräten ermöglichen.

Qualifizierung bedeutet z. B. die funktionelle Prüfung eines Geräts in Bezug auf seine angegebene Leistung (d. h. entspricht die gewählte Temperatur eines Kühlschranks stets der tatsächlichen? Sind Abweichungen tolerierbar?).

Die Verantwortung für eine Tätigkeit im Bereich der Qualitätssicherung in der Wirtschaft kann einem Bachelor problemlos übertragen werden.

Als Vorbereitung für die genannten beruflichen Einsatzmöglichkeiten böte sich idealerweise ein Praktikum in der Industrie an. Wie wir bereits festgestellt haben, bieten die fachlich und zeitlich stark komprimierten Bachelor-Studiengänge hierzu oft keine Gelegenheit.

Das vorliegende Buch ermöglicht Ihnen, lieber Leser, in den folgenden Kapiteln ein virtuelles Industriepraktikum zu absolvieren. Sie werden als Praktikant bei der Firma TiGer BioTec im Rahmen einer Produktentwicklung eine Reihe von praktischen Aufgaben übernehmen und diese selbstständig bearbeiten.

---

[3] Validierung: Bestimmung der Grenzen und Sicherstellung der Reproduzierbarkeit einer Methode

[4] Qualifizierung: Sicherstellung der korrekten Funktion von Geräten und Apparaturen

3. | Praktikum bei TiGer BioTec

Die Autoren, selbst Biologen, waren über viele Jahre in der Wirtschaft tätig, ehe sie als Hochschullehrer verantwortlich für die Ausbildung von Biologen wurden. In ihren jeweiligen Positionen waren sie mitverantwortlich für die Personalauswahl. In dieser Funktion waren sie häufig mit der Situation konfrontiert, Bewerbungen für Praktikumsplätze oder Stellen beurteilen zu müssen. Hier machten Bewerbungen von Naturwissenschaftlern wie z. B. Biologen oder Chemikern eine Beurteilung oft schwierig, da die Unterlagen in der Regel keine Auskunft darüber gaben, ob die entsprechenden Personen außerhalb des reinen Forschungsbereichs sinnvoll z. B. für Managementaufgaben im Unternehmen eingesetzt werden könnten.

Aus dieser Sicht haben wir, die Autoren, ein spezielles Ausbildungskonzept entwickelt, welches praxisnah die Denk- und Arbeitsweisen der Wirtschaft vermittelt. Die Grundidee ist, Fachwissen in einem Kontext einzusetzen, der die Erfordernisse der Arbeit in einem Unternehmen erfahrbar macht.

Wir haben zu diesem Zweck eine Firma ins Leben gerufen. Diese Firma, TiGer BioTec Industrial Enzymes, beschäftigt sich mit Produkt- und Verfahrensentwicklungen im Bereich der Biotechnologie. Geschäftsfeld von TiGer BioTec ist die Entwicklung innovativer Produkte unter Einsatz von Enzymen.[1]

Es werden allerdings keine Investoren und kein Bankkonto benötigt. Die Firma mit ihrer Geschäftsführung, ihren Abteilungen (Abb. 3.1), Projekten und Aufträgen existiert nur in diesem Buch. Sie stellt für den Leser den Rahmen für ein virtuelles Industriepraktikum dar. Dieses kann er in verschiedenen Abteilungen der Firma absolvieren. In diesem Buch lernen Sie an einem konkreten Beispiel die frühe Phase einer industriellen Produktentwicklung kennen. In ihrem Blog (*tigerbiotec. blogspot.com*) bieten Ihnen die Autoren darüber hinaus die Möglichkeit, mit ihnen in Kontakt zu treten und sich an weiteren Beispielen auch aus anderen Abteilungen der Firma zu versuchen.

[1] Enzyme sind Biokatalysatoren, die in der Industrie immer häufiger eingesetzt werden.

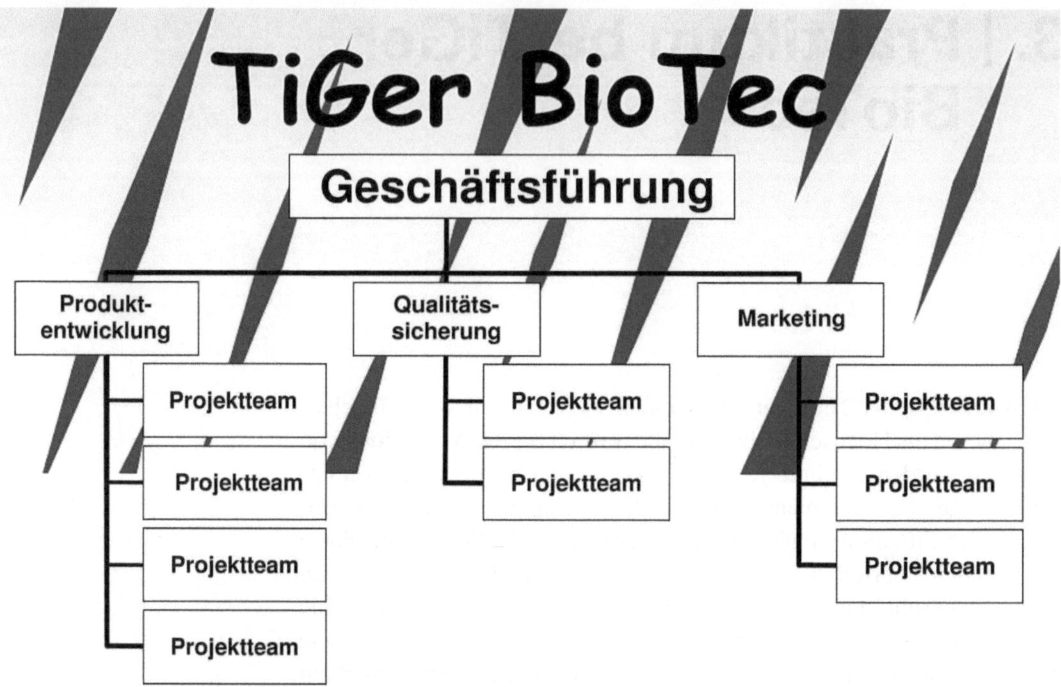

Abb 3.1 *Struktur der virtuellen Firma TiGer BioTec Industrial Enzymes. Tiger BioTec besitzt drei Abteilungen, die ihrerseits in Projektteams gegliedert sind. Mitarbeiter der Firma bilden, in wechselnder Zusammensetzung, diese Projektteams. Ein Projektteam existiert für die Dauer eines Projekts, das seiner Natur nach inhaltlich und zeitlich begrenzt ist.*

3.1 Ein virtuelles Praktikum

Versetzen Sie sich nun bitte gedanklich in die folgende Situation: Sie sind Biologiestudent und stehen kurz vor dem Abschlusssemester. Im Verlauf Ihres bisherigen Bachelor-Studiums haben Sie schon gute naturwissenschaftliche Grundkenntnisse erworben. Sie sind aber immer noch unsicher, wie sich Ihr Beruf als Biologe nach dem Studium gestalten könnte. Daher denken Sie natürlich auch darüber nach, ein Praktikum zu absolvieren, in der Hoffnung, Ihre Berufsvorstellungen konkretisieren zu können. Außerdem haben Sie gehört, dass Praktika Gelegenheit bieten, Kontakte zu späteren Arbeitgebern zu knüpfen.

Möglicherweise haben Sie ja Ihr Biologie-Studium auch schon beendet. Bei der Suche nach einem geeigneten Job fällt Ihnen beim Lesen von Stellenangeboten immer wieder auf, dass praktische Erfahrungen in einem Unternehmen in Verbindung mit wirtschaftlichem und produktorientiertem Denken zumindest „vorteilhaft" wären. Leider verfügen Sie über beides nicht. Sie scheuen sich daher, auf entsprechende Angebote zu antworten.

Bei der Lektüre der Tageszeitung fällt Ihnen eines Tages die in Abbildung 3.2 dargestellte Anzeige ins Auge.

Sie können sich zwar noch nicht so richtig vorstellen, welche Aufgaben ein Projektmanager hat oder wie eine Produktentwicklung abläuft, da aber ausdrücklich ein Biologe gesucht wurde, sind Sie neugierig und entschließen sich zu einer Bewerbung.

> **Praktikumsaufgabe 3.1**: Formulieren Sie ein Schreiben, in welchem Sie sich als Praktikant bei TiGer BioTec bewerben. Beziehen Sie sich auf die Anzeige (Abb. 3.2) und erläutern Sie Ihre Motivation. Weitere Tipps für eine Bewerbung als Praktikant finden Sie in Kapitel 7.

Im Internet informieren Sie sich auf der Homepage der Firma (Abb. 3.3) darüber, womit sich TiGer BioTec beschäftigt. Ein Anruf im Unternehmen und eine E-Mail mit einer Kurzbewerbung führen schnell zu einem Vorstellungstermin. Das Gespräch verläuft sehr positiv. Nach ein paar Tagen erhalten Sie die gewünschte Zusage für den Praktikumsplatz.

TiGer BioTec ist ein junges, aufstrebendes Unternehmen, das enzymbasierte Produkte zur Marktreife entwickelt. In seiner Forschungs- und Entwicklungsabteilung bietet *TiGer BioTec*

einer Praktikantin / einem Praktikanten

die Möglichkeit, an der Seite eines Projektmanagers an einer Produktentwicklung mitzuarbeiten.

Sie studieren Biologie (oder eine nahestehende Fachrichtung) oder haben Ihr Studium gerade beendet und wollen den Berufsalltag eines Wissenschaftlers in der Industrie kennenlernen?

Haben wir Ihr Interesse geweckt, melden Sie sich bitte unter *tiger@hs-bremen.de* und senden Sie uns Ihre aussagekräftigen Unterlagen.

TiGer BioTec Industrial Enzymes
Institut für die Praxis der Naturwissenschaften,
Hochschule Bremen, Neustadtswall 30,
28199 Bremen

Abb. 3.2 *Angebot einer Praktikantenstelle bei TiGer BioTec.*

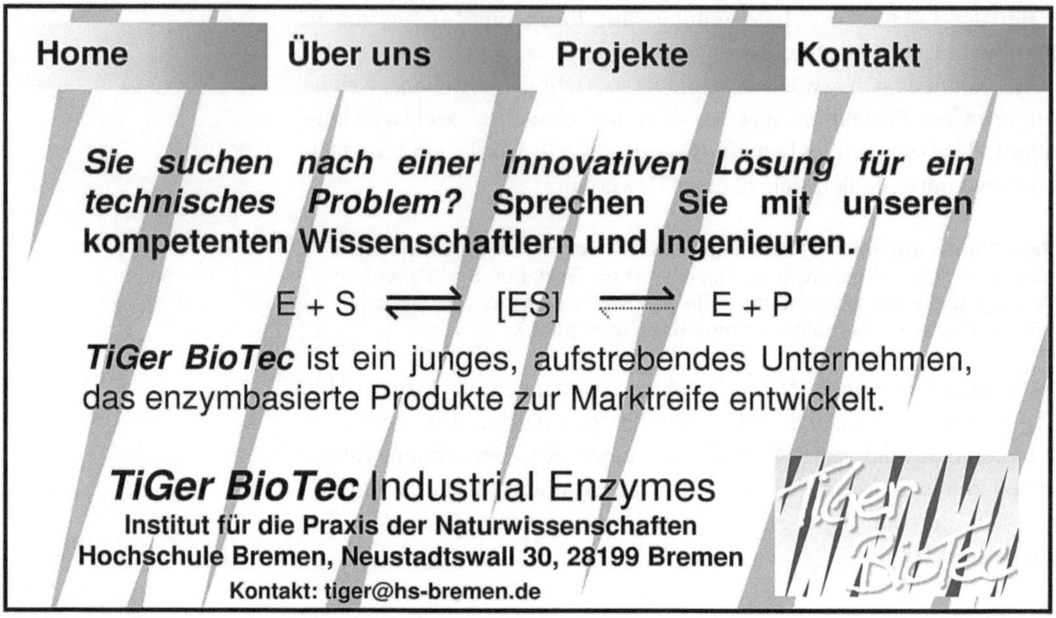

$$E + S \rightleftharpoons [ES] \dashrightarrow E + P$$

Abb. 3.3 *Homepage von TiGer BioTec Industrial Enzymes.*

3.2 Ihr Praktikumsplatz bei TiGer BioTec

Herzlichen Glückwunsch, Sie haben einen der begehrten Praktikantenplätze bei unserer Firma erhalten. Sie haben sich ja zur Vorbereitung Ihrer Bewerbung schon über das Unternehmen unterrichtet. Wie Sie wissen, sind wir ein kleineres Unternehmen, das darauf spezialisiert ist, Produkte auf der Basis von Enzymen zur Marktreife zu entwickeln, sich die Patentrechte[2] an derartigen Produkten zu sichern und die Produkte dann gegebenenfalls gemeinsam mit Partnern, Herstellern, Vermarktungs- und Vertriebsspezialisten in möglichst kurzer Zeit auf den Markt zu bringen.

Wir verkaufen diese Produktentwicklungen an große Hersteller von Enzymen, einige Produkte vertreiben wir aber auch selbst über unsere Händler. Über eigene nennenswerte Produktionsanlagen verfügen wir nicht. Wir haben Erfahrung mit Enzymen nicht nur auf wissenschaftlicher Ebene, sondern auch mit ihrem praktischen Einsatz. Im Fokus von TiGer BioTec stehen stets Produkte, welche einen direkten Nutzen für den Verbraucher haben. Regelmäßig werden auch Produktideen[3] aufgegriffen und auf ihre Umsetzbarkeit geprüft.

Da die Firma im Wesentlichen davon lebt, innovative Produkte zu generieren, ist es für TiGer BioTec von besonderer Bedeutung, auf neue Ideen einzugehen. Wie Sie sehen werden, ist es einerseits risikoreich und teuer, konkret in die Entwicklung eines Produkts einzusteigen. Andererseits darf man aber auch aussichtsreiche Projekte nicht „verpassen".

[2] Ein Patent gewährt einen rechtlich verbindlichen Schutz an einer Erfindung.

[3] Produktideen beinhalten Chancen und Risiken. Es ist wichtig für ein Unternehmen, Ideen zu sammeln und konsequent zu bewerten.

3.3 Aufgabenstellung für Ihr Praktikum

Wie Sie der Stellenanzeige schon entnommen haben, wird es Ihre Aufgabe als Praktikant sein, den Projektmanager[4] in der Abteilung Produktentwicklung bei der Prüfung einer aktuellen Projektidee zu unterstützen (Abb. 3.4).

Ihr Praktikum bei TiGer BioTec wird Ihnen die Gelegenheit geben, live mitzuerleben, wie Produktideen entstehen, vor allem aber, wie sie professionell geprüft und umgesetzt werden.

Kaum haben Sie den Projektmanager, den Sie in der Abteilung Produktentwicklung unterstützen sollen, kennengelernt, begleiten Sie ihn zu einer wichtigen Besprechung. Die Firmenleitung von TiGer BioTec hat die Mitarbeiter der Abteilung Produktentwicklung zusammengerufen. Ein Außendienstmitarbeiter unserer Firma berichtet von einer ärgerlichen Geschichte, die ihm ein Kunde kürzlich erzählt hat. Dieser fand nach einer Flugreise auf seinem luxuriösen Lederkoffer ein unschönes Kontrolletikett (Abb. 3.5). Beim Versuch, dieses Etikett zu entfernen, zerkratzte der Kunde das Leder, womit sein Koffer für ihn „sichtlich" an Wert verloren hatte. Auch der Einsatz eines im Handel erhältlichen Etikettenlösers konnte die noch auf dem Leder haftenden Reste des Etiketts nicht entfernen. Im Gegenteil, die Beschädigung des wertvollen Stücks sei noch schlimmer geworden. Im Gespräch habe man erstaunt festgestellt, dass eigentlich keine zufriedenstellende

[4] Der Projektmanager ist verantwortlich für die koordinierte Planung und Durchführung eines Projekts.

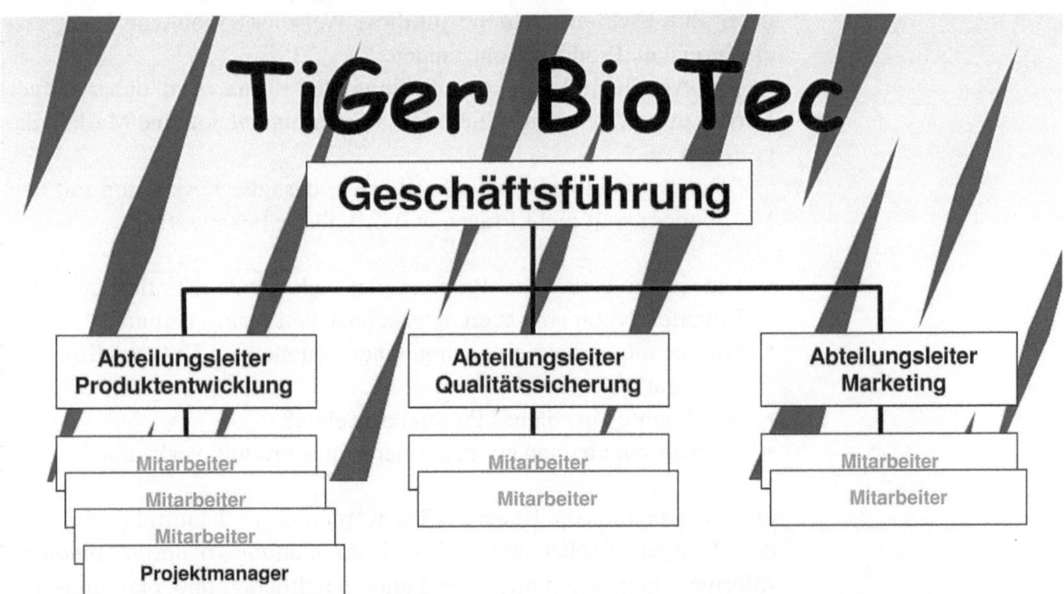

Abb. 3.4 *Die Position des Projektmanagers (Projektleiters) in der Firmenhierarchie bei TiGer BioTec Industrial Enzymes. Die Funktion eines Projektmanagers kann einem Mitarbeiter einer Firma für ein bestimmtes Projektes übertragen werden. Seine Weisungsbefugnis ist in der Regel an ein Projekt gebunden.*

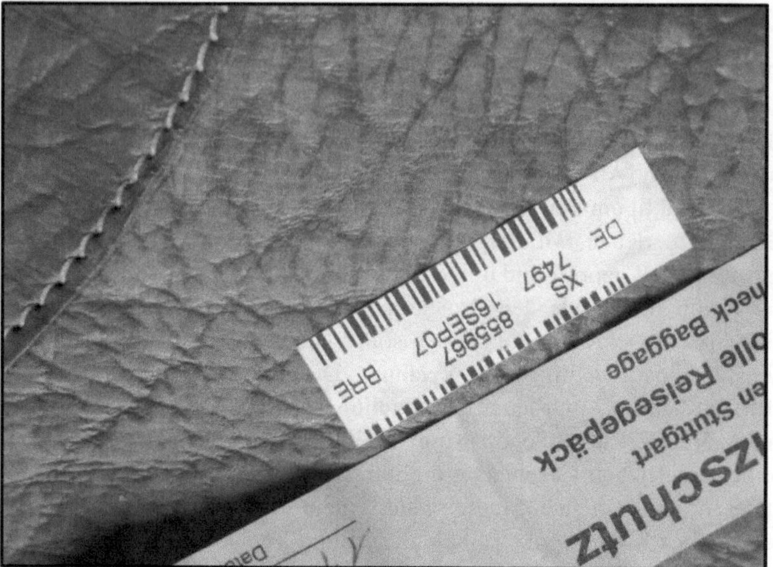

Abb. 3.5 *Der Aufkleber auf dem Lederkoffer. Als Beispiel ist hier ein Lederkoffer gezeigt, der am Flughafen eine Sicherheitsinspektion über sich ergehen lassen musste, was durch entsprechende Aufkleber dokumentiert wurde.*

Möglichkeit für die schonende Entfernung von Etiketten bekannt schien. Schließlich meinte der Kunde, TiGer BioTec sei für kreative Problemlösungen ja bekannt. Ob man nicht darüber nachdenken könne, einen „schonenden" Etikettenlöser anzubieten.

Die Firmenleitung ist für Hinweise von ihren Kunden stets besonders dankbar. Sie nimmt daher solche Vorschläge prinzipiell auf und lässt sie durch ihre Fachleute prüfen. Auf diese Weise ist schon eine Reihe von erfolgreichen Produkten entstanden.

Die Abteilung Produktentwicklung der Firma wird daher aufgefordert zu prüfen, ob man hier nicht wieder einmal auf eine Marktlücke gestoßen sei.

Schnell genug stellt sich aber heraus, dass die Diskussion mit den Mitarbeitern weit mehr Fragen aufwirft als sie beantwortet:

- Hat jemand für das Problem der schonenden Entfernung von Etiketten schon eine geeignete technische Lösung gefunden?
- Gibt es möglicherweise schon einen schonenden Etikettenlöser auf dem Markt?
- Wie könnte ein solches Produkt aussehen?
- An wen könnte man ein neues derartiges Produkt verkaufen?

Die Mitarbeiter von TiGer BioTec werden daher beauftragt, der Idee des Kunden nachzugehen. Die Firmenleitung benötigt fundierte Informationen, um unter Abwägung inhaltlicher und ökonomischer Aspekte eine unternehmerische Entscheidung treffen zu können.

Die Beschaffung entsprechender Informationen wird die Abteilung „Produktentwicklung" übernehmen (Abb. 3.4). Im Anschluss an die Sitzung mit der Geschäftsführung macht sich das Entwicklungsteam daran, die Aufgabe zu durchdenken und das weitere Vorgehen genau zu planen.

Ihre Aufgabe als Praktikant bei TiGer BioTec ist die Mitarbeit bei der Erstellung dieser Studie zu einem schonenden Etikettenlöser. Sie werden dabei Ihren Projektmanager (er ist übrigens auch ein Biologe) unterstützen. Nun sollen Sie sich an die Arbeit machen. Was ist zu tun?

4. | Projekte

In einem Unternehmen arbeiten häufig Mitarbeiter mit unterschiedlichem fachlichen Hintergrund und Aufgabenbereich gemeinsam an einem Thema. Ihre Zusammenarbeit ist in Projekten[1] organisiert.

Projekte helfen dabei, komplexe Aufgaben wie die Entwicklung eines Produkts, den Bau eines Hauses oder die Planung eines Messeauftritts zu strukturieren. Zu diesem Zweck sind Projekte in klar definierte Phasen gegliedert, die im Folgenden erläutert werden.

[1] Strukturelemente der Projektorganisation: Ziele, Arbeitspakete, Zeit- und Ressourcenpläne, Meilensteine

4.1 Definitionsphase und Projektziele

Zu Beginn eines Projekts muss man sich genau darüber klar werden, wohin das Projekt führen soll. Daher beginnt es stets mit der so genannten Definitionsphase. Es geht hierbei darum, das Ziel für jedes Projekt konkret zu definieren. Dies scheint auf den ersten Blick einfach, bei genauerer Betrachtung wird sich allerdings herausstellen, dass Projekte mit unpräzisen oder unrealistischen Zielvorgaben von vornherein zum Scheitern verurteilt sind. Betrachten wir als Beispiel Ihr Studium. Könnten Sie auf Anhieb sagen, was das Ziel Ihrer Mühen um den Abschluss des Bachelors sein soll: einen Masterstudienplatz zu ergattern, in einer Firma Produkte zu entwickeln, im Labor Versuchsreihen durchzuführen, populärwissenschaftliche Bücher zu schreiben oder Tierfilme zu drehen? Jedes dieser Ziele erfordert eine andere Herangehensweise an Ihr Studium. Damit ist gemeint, dass Ihre Zielvorstellungen bestimmen sollten, welches Studium Sie aufnehmen, welche Schwerpunkte Sie im Studienprogramm setzen und ob Sie darüber hinaus zusätzliche Aktivitäten entwickeln sollten. Je klarer Ihre Zielvorstellungen (Vorstellungen von Ihrem zukünftigen Beruf) sind, umso realistischer wird auch der Erfolg sein.

Sie sehen, von der präzisen Zielformulierung hängt sehr viel ab. In der professionellen Projektarbeit nimmt man sich daher in der Regel hierfür Zeit und denkt im Team sehr genau darüber nach, wohin das Projekt schließlich führen soll. Es ist für die spätere Arbeit wichtig, dass alle Mitglieder des Teams die gemeinsamen Ziele für erreichbar halten und auch in gleicher Weise interpretieren. Schließlich sollte man auch wissen, wann man sein Ziel erreicht hat. Ziele müssen messbar sein.

Merken Sie sich also: Die Ziele eines erfolgreichen Projekts sind stets

- erreichbar,
- messbar,
- verbindlich vereinbart und schriftlich niedergelegt.

> **Praktikumsaufgabe 4.1:** Formulieren Sie schriftlich, mit welchem Ziel Sie den Bachelor-Abschluss in Biologie anstreben. Seien Sie so präzise wie möglich. Verwenden Sie die genannten Kriterien.

Was ist nun das konkrete Projektziel bezüglich der in Kapitel 3 geschilderten Produktidee eines schonenden Etikettenlösers? Die Aufgabe, die an das Team der Produktentwicklung gestellt wurde, ist sicherzustellen, dass die Geschäftsführung die richtige Entscheidung darüber treffen kann, wie mit der Produktidee zu verfahren ist. Es muss also das Ziel des Projekts sein, die benötigten Informationen in einer vorgegeben Zeit zu beschaffen und entsprechend aufzuarbeiten. Diese Daten betreffen unter anderem den Stand der Technik, den Markt, Patente und Fragen der Produkthaftung. Üblicherweise werden die erforderlichen Fakten in einer so genannten Projekt- oder auch Machbarkeitsstudie[2] zusammengefasst. Das Projektziel ist also, in Ihrem Praktikum die relevanten Informationen für eine Machbarkeitsstudie zu einem schonenden Etikettenlöser zu beschaffen.

[2] Elemente einer Machbarkeitsstudie: fachlicher Hintergrund, Markt, Literatur und Patente, rechtlicher Rahmen, Prototypenentwurf

4.2 Projektplanung

Erst wenn Sie genau wissen, mit welchem Ziel Sie ein Projekt durchführen, können Sie sinnvoll und realistisch planen. Die Planung des Projekts erfordert einerseits eine inhaltliche und andererseits eine organisatorische Strukturierung. In der Planungsphase wird das Projekt zunächst in inhaltlich besser überschaubare Einheiten, so genannte Arbeitspakete unterteilt.

4.2.1 Arbeitspakete

Als Arbeitspaket wird eine überschaubare, in sich geschlossene Teilaufgabe verstanden. Für jedes Arbeitspaket wird ein Mitglied des Projektteams verantwortlich bezeichnet. Die für das Arbeitspaket verantwortliche Person hat die Aufgabe sicherzustellen, dass die vereinbarten Tätigkeiten in der vorgegebenen Zeit und mit den zur Verfügung gestellten Ressourcen abgeschlossen werden können. Sie wird darüber hinaus die übrigen verantwortlichen Kollegen jederzeit über den Fortgang der Arbeit, wie auch über gegebenenfalls auftretende Schwierigkeiten und Verzögerungen informieren. Eine Übersicht über die Arbeitspakete, ihre Teilziele und ihre inhaltliche Abhängigkeit untereinander gibt Ihnen der

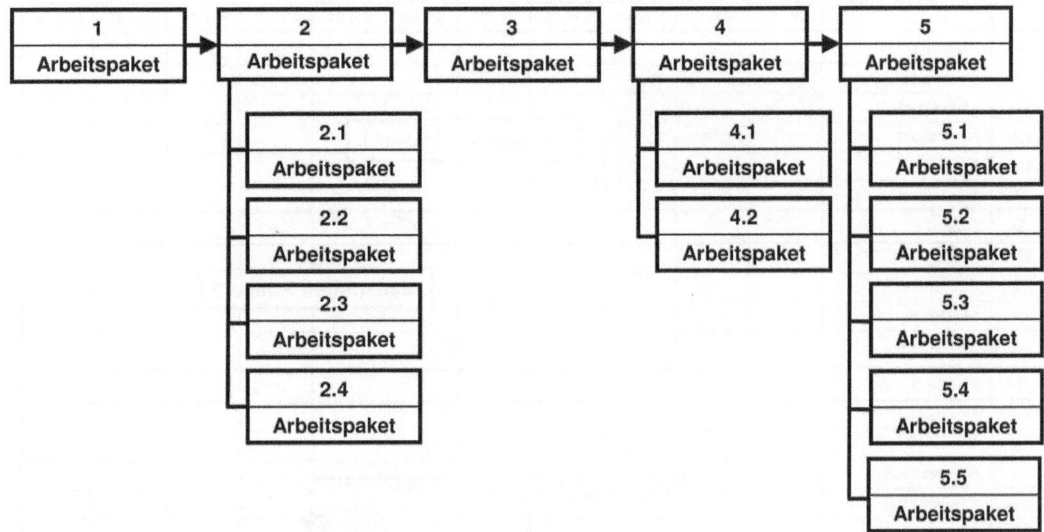

Abb. 4.1 *Projektstrukturplan (Schema). Ein Projekt ist in Arbeitspakete gegliedert (vgl. Abb. 2.1, Produktentwicklung).*

Projektstrukturplan, er zeigt die inhaltliche Strukturierung des Projekts (Abb. 4.1). Er enthält aber noch keine Information über den vorgesehenen organisatorischen und zeitlichen Ablauf.

Praktikumsaufgabe 4.2: Erstellen sie einen Projektstrukturplan für die Ausrichtung eines abendlichen Pizza-Essens mit Freunden bei Ihnen zu Hause. Gehen Sie bei dieser Übung von 20 Gästen aus, beschreiben Sie mehrere Arbeitspakete (Gästeliste, Einladung, Einkauf usw.). Orientieren Sie sich an Abb. 4.1.

4.2.2 Meilensteine

Naturgemäß kennt man die Resultate von Experimenten, Patentrecherchen etc. nicht im Voraus. Daher kann es sinnvoll sein, die Weiterführung eines Projekts von Entscheidungen abhängig zu machen, die man auf der Basis der bis dahin zusammengetragenen Informationen und erhaltenen Daten trifft. Man nennt solche kritischen Punkte im Projektablauf Meilensteine. Meilensteine werden durch präzise Vorgaben darüber definiert, was am Ende des betreffenden Arbeitspakets als Resultat erwartet wird. Sollte sich beispielsweise in einem Arbeitspaket „Patentrecherche" herausstellen, dass es bereits ein relevantes Patent der Konkurrenz gibt, wird man das Projekt so nicht weiterführen. Aus diesem Grunde werden Sie sich in Ihrem Praktikum auch ausführlich mit Patenten beschäftigen.

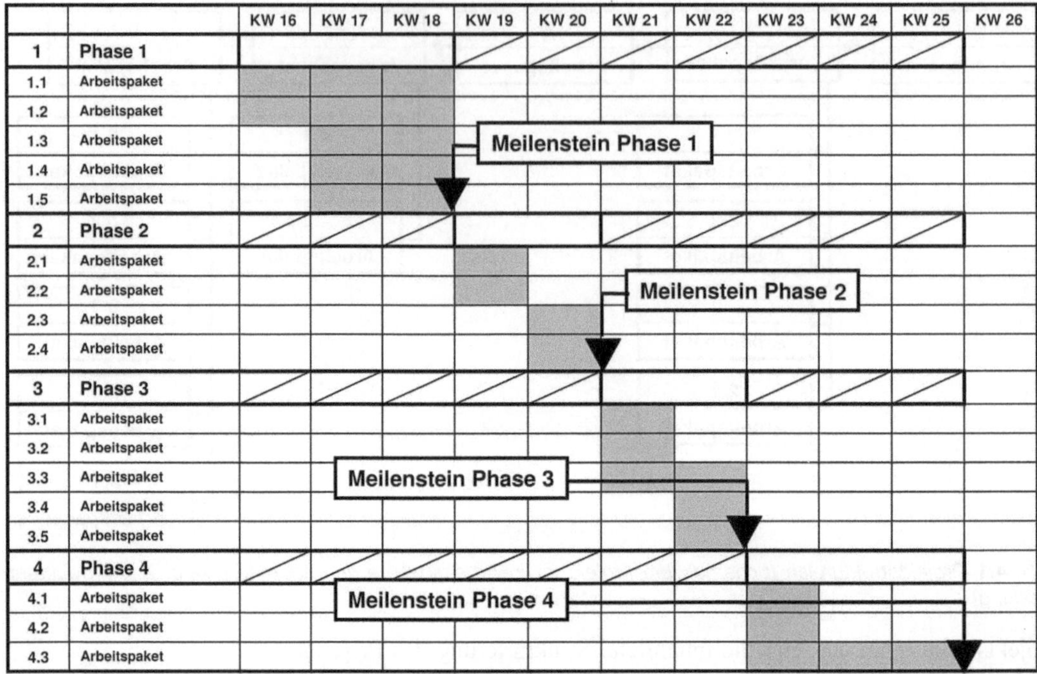

Abb. 4.2 *Projektablaufplan. Die dunkelgrau hinterlegten Felder markieren die Dauer der einzelnen Arbeitspakete, angegeben in Kalenderwochen (KW). Einzelne Arbeitspakete werden sinnvoll zu Projektphasen zusammengefasst. Das Ende wichtiger Arbeitspakete ist durch einen Meilenstein charakterisiert.*

4.2.3 Zeitplanung

In der Planungsphase wird der chronologische Ablauf der Arbeiten festgelegt. Man wird dabei die benötigten Ressourcen wie fachkundiges Personal, notwendige Investitionen, Verbrauchsmaterialien usw. berücksichtigen. Ein wichtiges Element der Planungsphase ist die Abschätzung möglicher Risiken: Was passiert, wenn ein Mitarbeiter erkrankt, wenn man bestimmte Informationen nicht termingerecht bekommt, wenn ein Experiment nicht richtig funktioniert oder Bauteile nicht rechtzeitig eintreffen? Die Zeitplanung wird entsprechende Maßnahmen vorsehen müssen und daher den Ablauf nicht zu knapp kalkulieren. Ein Projektablaufplan stellt die Arbeitspakete und gegebenenfalls die Meilensteine in einer sinnvollen zeitlichen Beziehung zueinander dar, z. B. als Balkenplan (Abb. 4.2). Der Projektablaufplan ist somit der „Terminkalender" eines Projekts.

> **Praktikumsaufgabe 4.3**: Erstellen sie einen Projektablaufplan für die Ausrichtung Ihres abendlichen Pizza-Essens. Denken Sie daran, sinnvolle Meilensteine zu definieren (Wohnung aufgeräumt, Wein besorgt usw.).

4.2.4 Ressourcenplanung

Zeit ist Geld, das gilt besonders für die Arbeit in einer Firma. Kosten entstehen für die Gehälter der Mitarbeiter und der Geschäftsführung. Möglicherweise sind zur Durchführung des Projekts Dienstreisen, kostenpflichtige Datenbankrecherchen, Testkäufe und/oder die Konsultationen von Fachleuten, z. B. von Gutachtern, erforderlich. All dies verursacht Kosten[3], welche im Voraus eingeplant werden müssen.

Die Aufgabe des Projektmanagements ist es, im späteren Verlauf des Projekts sicherzustellen, dass die eingeplanten Ressourcen (Abb. 4.3) zur Verfügung stehen und die vereinbarten Termine (Projektablaufplan, Abb. 4.2) eingehalten werden (so genanntes Controlling).[4]

Bei Abweichungen vom Plan ist entsprechend zu reagieren. Der Projektmanager wird also die Aufwendungen festhalten, die jeweils von den Mitarbeitern benötigte Arbeitszeit erfassen (eine Vorlage für die Arbeitszeiterfassung finden Sie in den Arbeitsmaterialien, Kapitel 9) sowie den inhaltlichen Projektfortschritt in den einzelnen Arbeitspaketen durch regelmäßige Besprechungen und Projektberichte prüfen. Die vollständige Planung wird mit der Firmenleitung abgestimmt.

[3] Kosten: z. B. Personalkosten, Sachkosten, Nebenkosten

[4] Controlling: Abgleich der Kostenplanung mit den tatsächlich anfallenden Kosten, bei Abweichung vom Plan steuernde Eingriffe

		KW 16	KW 17	KW 18	KW 19	KW 20	KW 21	KW 22	KW 23	KW 24	KW 25	KW 26
1	**Phase 1**											
1.1	Arbeitspaket	60	60	40								
1.2	Arbeitspaket	60	40	20								
1.3	Arbeitspaket		10	10								
1.4	Arbeitspaket		10	10								
1.5	Arbeitspaket		10	10								
2	**Phase 2**											
2.1	Arbeitspaket				40							
2.2	Arbeitspaket				40							
2.3	Arbeitspaket					20						
2.4	Arbeitspaket					20						
3	**Phase 3**											
3.1	Arbeitspaket						10					
3.2	Arbeitspaket						10					
3.3	Arbeitspaket						20	10				
3.4	Arbeitspaket							40				
3.5	Arbeitspaket							40				
4	**Phase 4**											
4.1	Arbeitspaket								20			
4.2	Arbeitspaket								40			
4.3	Arbeitspaket								40	40	10	

Abb. 4.3 *Ressourcenplan am Beispiel der Planung des voraussichtlichen Zeitbedarfs der Mitarbeiter. Dargestellt sind die wöchentlichen Arbeitsstunden, die für das jeweilige Arbeitspaket eingeplant wurden. Analoge Pläne können Sie für die weiteren Kostenarten erstellen.*

4.3 Durchführungsphase

An die Planungsphase schließt sich die Durchführungsphase an. In dieser Phase werden die Arbeitspakete dem Projektablaufplan folgend abgearbeitet. Es finden regelmäßige Projekttreffen zur gegenseitigen Information über Fortgang der Arbeiten innerhalb der einzelnen Arbeitspakete statt. Wenn ein Arbeitspaket einen Meilenstein beinhaltet, wird geprüft, ob dieser erreicht wurde (z. B. Prototyp fertiggestellt) oder ob schwerwiegende Gründe die Modifikation oder gar den Abbruch des Projekts erfordern.

4.4 Projektabschluss

Am Ende eines Projekts stehen in der Regel eine Präsentation und eine vollständige, aber dennoch übersichtliche Abschluss-Dokumentation (Report). Hier muss die Geschäftsleitung kurz, aber prägnant über die wesentlichen Resultate informiert werden. In der Regel werden dabei auch Empfehlungen zur weiteren Vorgehensweise abgegeben.

5. | Praktikum in der Produktentwicklung: Machbarkeitsstudie zur Entwicklung eines schonenden Etikettenlösers

Nachdem Sie nun einige Grundbegriffe der Projektarbeit kennengelernt haben, sollten Sie auch schon eine gewisse Vorstellung davon gewonnen haben, was die Aufgaben des Projektmanagers sind, den Sie ja in Ihrem Praktikum unterstützen sollen. Im Folgenden werden Sie dieses Wissen einsetzen, wenn Sie im Rahmen Ihres Praktikums an einer konkreten Produktentwicklung mitwirken, einer Machbarkeitsstudie zur Entwicklung eines schonenden Etikettenlösers.

Ein modernes Unternehmen bleibt ohne neue Produkte nicht konkurrenzfähig, eigene Produktentwicklung ist also unverzichtbar. Der Ablauf einer Produktentwicklung ist naturgemäß unternehmensspezifisch. Es macht einen beträchtlichen Unterschied, ob ein Arzneimittel oder ein Nahrungsmittel entwickelt wird. Die Durchführung von entsprechenden Projekten ist in der Regel mit einem großen Aufwand verbunden und hat für eine Firma weitreichende Konsequenzen. Sie bindet hoch qualifiziertes Personal für längere Zeit an eine bestimmte Aufgabe, die unter Umständen nicht erfolgreich gelöst werden kann. Sie beinhaltet damit stets ein finanzielles und unternehmerisches Risiko. Aus diesem Grund ist es wichtig, sich zu Beginn einer Produktentwicklung im Rahmen einer Machbarkeitsstudie von der Realisierbarkeit der Idee zu überzeugen. Das Ergebnis einer derartigen Machbarkeitsstudie führt entweder zur Weiterführung der Produktentwicklung, zum Abbruch des Projekts oder aber auch zu einer Neuformulierung des Entwicklungsziels.

Die Machbarkeit einer Produktentwicklung wird von technischen und wirtschaftlichen Rahmenbedingungen bestimmt. Es muss daher realistisch abgeschätzt werden, ob einerseits die für die Produktentwicklung und spätere Produktion erforderlichen Technologien verfügbar sind, und ob andererseits die Wirtschaftlichkeit gewährleistet ist, d. h. ein vermarktbares Produkt entsteht.

Am Beginn Ihrer Arbeit steht die Projektplanung. Zur inhaltlichen Strukturierung unterteilen wir die Erstellung einer Machbarkeitsstudie in sinnvolle Arbeitspakete. Da dies nicht die erste Studie ist, die bei TiGer BioTec durchgeführt wird, können wir uns hier an einem bewährten Projektstrukturplan orientieren und erhalten fünf große Arbeitspakete, die zum Teil in kleinere Arbeitspakete untergliedert sind (Abb. 5.1).

Diese Darstellung versucht ein Gesamtbild der zu bewältigenden Aufgabe herzustellen, sie stellt damit auch eine Checkliste für weitere Projekte ähnlicher Art dar. Sie soll verhindern, dass zu einem fortgeschrittenen Zeitpunkt der Entwicklung festgestellt werden muss, dass ein wichtiger Aspekt nicht beachtet wurde. In den Arbeitshilfen (Kapitel 9) finden Sie eine Reihe von Materialien, die Ihnen in der Praxis nützlich sein können, um Ihre Arbeit zu strukturieren.

Sie mögen sich nun als Praktikant bei TiGer BioTec fragen, was Sie zu diesem Projekt der Erstellung der Machbarkeitsstudie für einen neuartigen Etikettenlöser beitragen können. In den folgenden Abschnit-ten erfahren Sie, wie Sie in unserer Firma Ihr im Biologiestudium erworbenes naturwissenschaftliches Grundverständnis gezielt einsetzen

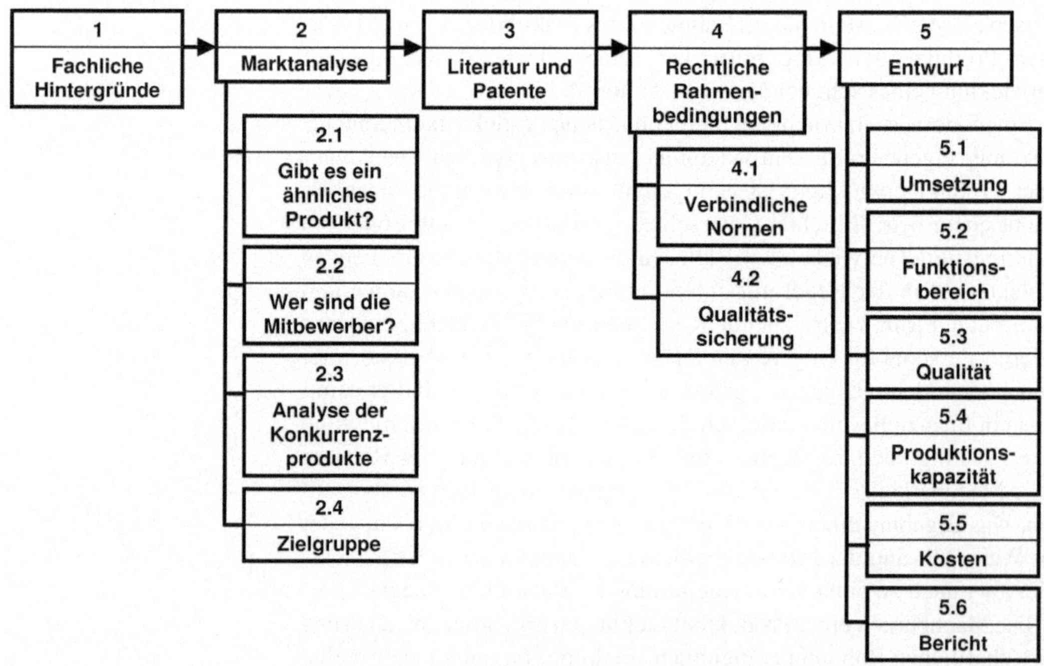

Abb. 5.1 *Projektstrukturplan für die Projektphase „Erstellung einer Machbarkeitsstudie" (vgl. Abb. 2.1 und 4.1).*

können, um die für das Projekt relevanten Informationen zu recherchieren, aufzuarbeiten und zu dokumentieren. Dieser Umgang mit Informationen geht über das hinaus, was Sie bisher in Ihrem Fachstudium gelernt haben. So beschränkt sich die erforderliche Recherche nicht auf die jeweilige wissenschaftliche Fragestellung, im Mittelpunkt des Interesses steht vielmehr das entsprechende Produkt. Ein Mitarbeiter in der Industrie wird dafür bezahlt, Probleme seines Unternehmens zu lösen, die Grundlagenforschung steht nicht im Fokus. Sie müssen daher immer die Marktfähigkeit, die rechtlichen Rahmenbedingungen und die Patentsituation in Ihre Überlegungen mit einbeziehen.

Bevor Sie sich selbst im Rahmen Ihres Praktikums an die Arbeit machen, gibt Ihnen der Projektmanager bei TiGer BioTec die Gelegenheit, das Ergebnis einer entsprechenden Recherche kennenzulernen. Die für das erste Arbeitspaket „Fachliche Hintergründe und Konkretisierung der Produktidee" verantwortlichen Mitarbeiter haben Informationen über Papieretiketten und Etikettenkleber zusammengetragen. Diese Informationen stellen sie in der nächsten Sitzung des Projektteams vor und bringen damit alle Teilnehmer auf den aktuellen Stand der Technik. Die Ergebnisse dieser Arbeit wurden im folgenden Report zusammengefasst.

5.1 Arbeitspaket 1: Fachliche Hintergründe und Konkretisierung der Produktidee

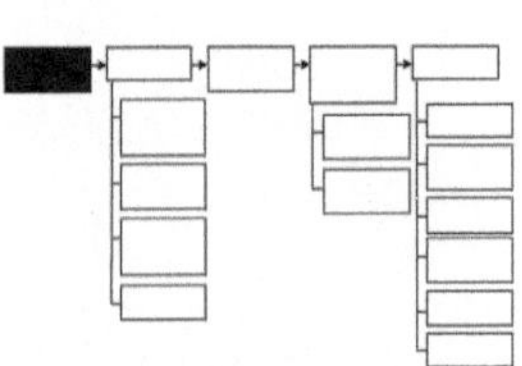

Abb. 5.2 *Arbeitspaket 1. Die Ikonen geben in verkleinerter Form Abbildung 5.1 wieder, wobei das jeweilige Arbeitspaket hervorgehoben ist.*

Papieretiketten findet man heutzutage nahezu auf allen denkbaren Gegenständen. Sie sind aus der Welt der Produktkennzeichnung nicht mehr wegzudenken. Die gute Haftung von Etiketten – und damit ihre schwere Entfernbarkeit – ist in der Regel gewünscht. Hierfür ist der Klebstoff verantwortlich. Nach dem Kauf, beim Gebrauch der Produkte oder in Vandalismusfällen, wenn z. B. das Firmenschild mit einem Aufkleber verunstaltet wurde, sind die Etiketten an Gegenständen und Oberflächen allerdings meistens nur lästig.

In der entsprechenden Fachliteratur werden verschiedene Klebstoff-Gruppen unterschieden: Einerseits Klebstoffe, die physikalisch und damit ohne chemische Veränderung des Klebers abbinden. Andererseits solche, die nach einer chemischen Reaktion kleben. Im Falle der Etiketten sind Dispersionskleber, Leimlösungen (z. B. Kleister) und Haftkleber von besonderer Bedeutung.

Leime sind in Wasser gelöste Klebstoffe, sie enthalten als wichtigste Komponenten Polymere biologischen Ursprungs, wie z. B. Stärke oder Kollagen. Haftklebstoffe sind dauerhaft elastische Klebemassen, sie härten nicht aus. Permanent klebende Haftklebstoffe bestehen z. B. aus Polyacrylaten. Diese Polymere sind unter bestimmten Voraussetzungen biologisch abbaubar.

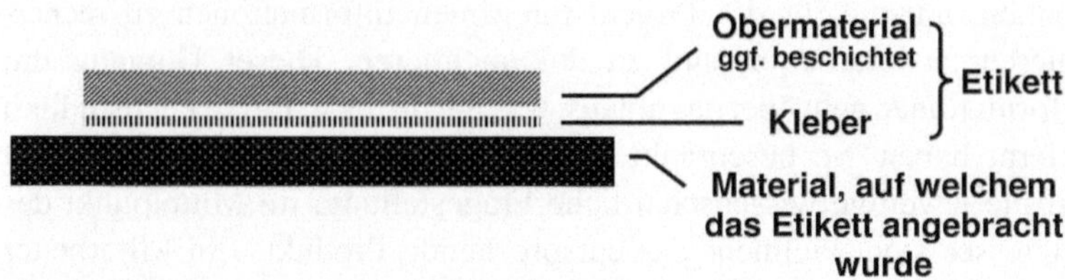

Abb. 5.3 *Aufbau von Etiketten (Schema).*

Papieretiketten sind in der Regel aus zwei Elementen aufgebaut, dem Obermaterial und der Klebeschicht. Das Obermaterial besteht in der Regel aus Papier oder Karton, also aus einem cellulosebasierten Träger, es kann darüber hinaus mit einer Kunststofffolie überzogen sein. Die Oberschicht ist nach den Wünschen des Nutzers bedruckt (Abb. 5.3). Die Oberfläche, auf der die Etiketten angebracht werden sollen, spielt für die Haftung und damit auch für eine spätere Entfernung eine wesentliche Rolle. Wenn die Etiketten direkt auf dem Produkt angebracht sind, müssen wir davon ausgehen, dass die Oberflächen gegebenenfalls empfindlich sind und keinesfalls beschädigt werden dürfen. Dies gilt insbesondere für die verschiedensten Kunststoff- oder Lackoberflächen. Des Weiteren scheinen bestimmte Etiketten auf bestimmten Kunststoffoberflächen besonders gut zu haften, was ihre Entfernung zusätzlich erschwert.

Im täglichen Umgang zeigt sich leider häufig, dass sich manche Papieretiketten nicht ohne großen Aufwand vollständig entfernen lassen. Wenn man sich dann im Supermarkt nach einem zum Ablösen geeigneten Produkt umschaut, findet man kein sehr großes Angebot. Die wenigen Produkte enthalten für den Laien unbekannte Inhaltsstoffe. Es kann sich hierbei sogar um potenziell gesundheitsgefährdende Chemikalien wie Lösungsmittel oder Detergenzien handeln, deren Wirkungsweise ein Kunde nicht einschätzen kann. Weiterhin gibt es auf manchen Produkten Warnhinweise[1], dass deren Anwendung zur Beschädigung von bestimmten Oberflächen führen kann. Verbraucher könnten hierdurch verunsichert und vom Kauf der Mittel abgehalten werden. Ein Problem stellt möglicherweise auch die Entsorgung von derartigen Etikettenlösern dar, da sie gegebenenfalls als gefährlicher Abfall zu behandeln sind. Auch hier fühlt sich mancher Verbraucher überfordert.

Kritisch sind auch die unterschiedliche Natur und Zusammensetzung der Kleberschichten der entsprechenden Etiketten. Sie sind dem Verbraucher in der Regel nicht bekannt, sie sind auch nicht deklariert oder von sich aus ersichtlich. Damit wird die Anwendung eines bestimmten Etikettenlösers in gewissem Sinne zum Lotteriespiel.

Eine wissenschaftliche Informationsrecherche zum Entfernen von Etikettenklebern stellt die Chemie der Kleber in den Vordergrund. Eine produktorientierte Recherche[2] muss auch Informationen wie die Kundensicht und damit die Akzeptanz eines Produkts, Sicherheitsaspekte im Umgang mit dem Produkt und mit seiner Entsorgung sowie Einschränkungen in der Anwendung berücksichtigen.

[1] Hersteller sind zur umfassenden Kennzeichnung ihrer Produkte gesetzlich verpflichtet.

[2] Informationsquellen einer produktorientierten Recherche sind erfahrene Kollegen, Kunden, erfolgreich abgeschlossene Projekte, Messen und Firmeninformationen.

5.1.1 Konkretisierung der Produktidee: Entwicklung eines enzymbasierten Etikettenlösers

Sofern Klebeetiketten aus biologisch abbaubaren Polymeren bestehen, sollte es möglich sein, sie unter Einsatz biologischer „Werkzeuge" zu entfernen. Diese Aufgabe könnten Enzyme übernehmen. Enzyme sind Eiweißstoffe, sie haben als so genannte Biokatalysatoren entscheidende, lebenswichtige Funktionen im Stoffwechsel aller lebenden Zellen. In der Natur haben Enzyme die Aufgabe, chemische Umsetzungen wie z. B. die Spaltung von Polymeren durchzuführen. Wie wir gesehen haben, finden als wesentliche Bestandteile der Kleber Polymere Anwendung. Ziel eines enzymbasierten Etikettenlösers wird es sein, möglichst viele chemische Bindungen des jeweiligen Polymers aufzubrechen (Abb. 5.4). Ein möglicher Vorteil der Enzyme gegenüber anderen chemischen Reagenzien, wie z. B. Lösungsmitteln, liegt in ihrer hohen Spezifität: Ein Enzym, welches einen Etikettenkleber abbauen könnte, würde keinesfalls die Oberfläche, auf der das Etikett angebracht ist, angreifen. Ein weiteres Argument für den Einsatz von Enzymen ist ihre gefahrlose Entsorgung. Enzyme sind ihrer Natur entsprechend selbst biologisch vollständig abbaubar. Die Gewinnung und Entwicklung von industriellen Enzymen wird in der Regel von spezialisierten Firmen durchgeführt.

Die Entwicklung von Produkten auf der Basis von Enzymen beschreibt wesentlich das Geschäftsfeld von TiGer BioTec. Daher könnte ein schonender Etikettenlöser auf enzymatischer Basis ein sehr interessantes Produkt für unsere Firma sein! Ein enzymbasierter

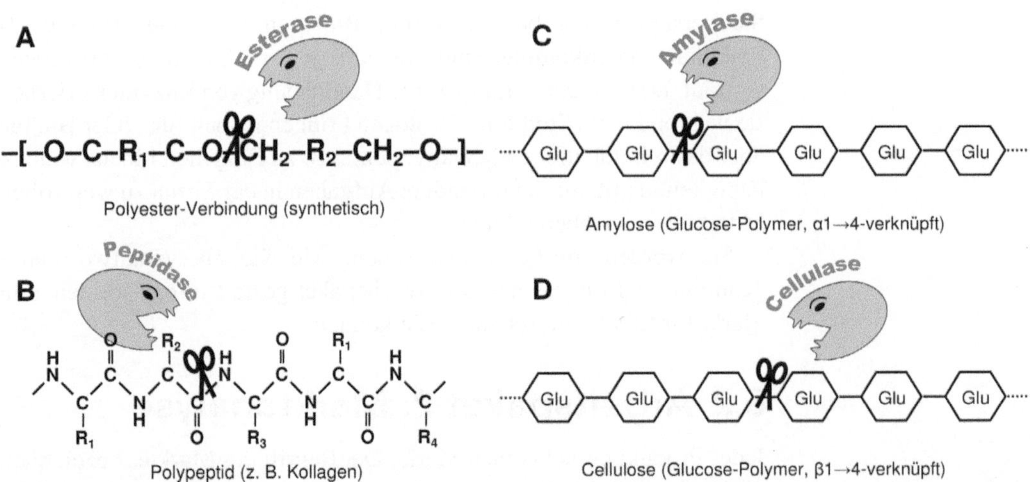

Abb. 5.4 *Wirkung einzelner Enzyme auf verschiedene (Bio-)Polymere. Schematisch dargestellt sind Ausschnitte aus (A) einer Polyester-Verbindung, (B) einem Polypeptid, (C) einer Polysaccharidkette der Amylose und (D) einer Polysaccharidkette der Cellulose. In (A) und (B) steht R für verschiedene organische Reste; in (C) und (D) stehen die Sechsecke für Hexosen. Das Symbol der Schere deutet die Bindung an, welche gespalten wird.*

Etikettenlöser müsste allerdings eine Reihe von Voraussetzungen erfüllen: Er müsste wirtschaftlich hergestellt werden können, eine akzeptable Mindesthaltbarkeit besitzen, ohne weitere (komplizierte) Handhabungen einsetzbar sein und er sollte auch wasserabweisende, z. B beschichtete Etiketten angreifen können.

Versuchen wir nun präziser zu formulieren, wie genau unser schonender Etikettenlöser auf enzymatischer Basis aussehen könnte. Bis jetzt haben wir ja nur eine grobe Vorstellung davon entwickelt, wie ein enzymatisches Haushaltsprodukt einen neuen Markt für die Firma TiGer BioTec erschließen könnte.

- Das Produkt soll als aktive Komponente Enzyme enthalten, welche die Bestandteile von Etiketten so angreifen, dass diese leicht und rückstandsfrei, z. B. durch einfaches Abwischen, entfernt werden können.
- Das neue Produkt muss in der Lage sein, in der Praxis eine vergleichbare Ablöseleistung zu zeigen wie mögliche Konkurrenzprodukte.
- Das Produkt soll im Haushaltsbereich eingesetzt werden.
- Das Produkt sollte sich im gleichen Preissegment wie die Konkurrenzprodukte bewegen.
- Die Entwicklungskosten sollten nach zwei Jahren amortisiert sein.

> **Praktikumsaufgabe 5.1:** Fallen Ihnen noch weitere Anforderungen an einen schondenden Etikettenlöser ein? Erstellen Sie einen Anforderungskatalog für ein anderes Produkt, z. B. ein enzymbasiertes Reinigungsmittel für mit Insekten verschmutzte Autoscheiben.

Sie verstehen nun besser, warum Biologen bei TiGer BioTec als Praktikanten willkommen sind. Die Funktion von Enzymen ist Biologen vertraut. Den Umgang mit bzw. die Handhabung von Enzymen erlernen sie während ihres Studiums. Biologen bringen jedoch für TiGer BioTec über das rein fachliche Spezialwissen z. B. zu Enzymen hinaus weitere Fähigkeiten mit, die sie für andere Aufgaben in der Firma zu wertvollen Mitarbeitern machen können.

Sie werden im Folgenden sehen, wie Sie als verantwortliches Teammitglied für das nächste Arbeitspaket gezielt Informationen zum Markt für Etikettenlöser sammeln können.

5.2 Arbeitspaket 2: Marktanalyse

Jedes Produkt braucht einen Markt. Der Begriff des Marktes bezeichnet, wie und wo Anbieter und Kunden hinsichtlich eines Produkts aufeinandertreffen. Die Kenntnis des Marktes ist Grundvoraussetzung für die Planung und Ausrichtung aller weiteren möglichen Entwicklungen von Produkten und Dienstleistungen.

Gehen wir der Reihe nach vor und überlegen erst einmal, welchen Markt wir für unseren neuen schonenden Etikettenlöser anstreben: Wollen wir unser Produkt weltweit oder nur in Deutschland vertreiben? Wo soll unser Produkt zu kaufen sein, im Supermarkt, in Online-Shops oder im Baumarkt?

5.2.1 Arbeitspaket 2.1: Gibt es ein ähnliches Produkt?

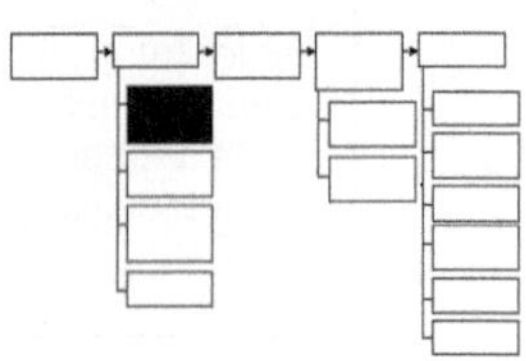

Abb. 5.5 *Arbeitspaket 2.1.*

In Ihrem Praktikum werden Sie sich im Folgenden einen ersten Überblick über den Markt für Etikettenlöser, entsprechende bereits existierende Produkte, deren Hersteller und Vertriebswege verschaffen. Daraus werden Sie ableiten, wie wir uns mögliche Kunden für unseren schonenden Etikettenlöser vorstellen können.

Sie müssen in einem ersten Schritt die Frage beantworten, ob es ein entsprechendes Produkt nicht bereits irgendwo auf der Welt gibt. Hier hilft Ihnen das Internet weiter. Auf der Basis Ihres naturwissenschaftlichen Grundverständnisses ist Ihnen die Vorgehensweise bei der systematischen Informationsbeschaffung vertraut, wenn auch die Fragestellung für Sie neu ist. Im gleichen Sinne sind Sie es gewohnt, Ihre Methodik und die Resultate Ihrer Arbeit genauestens zu dokumentieren. Daher sind Sie als Biologe für eine derartige Tätigkeit bei TiGer BioTec bestens vorbereitet.

> **Praktikumsaufgabe 5.2:** Suchen Sie bei Google nach einem enzymatischen Etikettenlöser. Verwenden Sie für Ihre Suche deutsche Begriffe. Protokollieren Sie Ihre Suche in der gleichen Art, wie Sie ein wissenschaftliches Experiment dokumentieren würden: Datum, Fragestellung, Methode (Suchmaschine, Suchbegriffe), Resultate (Anzahl der Treffer, genauere Betrachtung der Einträge) und Schlussfolgerungen (falscher Suchbegriff, zu viele oder zu wenige Treffer usw.). In Abbildung 5.6 sehen Sie, wie ein entsprechendes Ergebnisprotokoll Ihrer Recherche aussehen könnte. Das entsprechende Formblatt finden Sie bei den Arbeitshilfen (Kapitel 9), dies gilt allgemein für alle Ihre weiteren Recherchen.

Je nach Kombination Ihrer Suchbegriffe [Enzym], [Etiketten], [entfernen] erhalten Sie mehrere Tausend Treffer. Auf den ersten Blick scheint man hier meist von Etiketten zu sprechen, auf welchen Enzyme deklariert werden. Eine Einschränkung der Suche auf [enzymatischer Etikettenlöser] bzw. [enzymatischer Etikettenentferner] liefert keinen Eintrag mehr. Ihre Suche ergibt keine eindeutigen Hinweise auf mögliche Konkurrenzprodukte, die in Deutschland vertrieben werden. Sie kann aber auch nicht mit letzter Sicherheit ausschließen, dass Sie diese nur nicht gefunden haben.

Es ist aber durchaus denkbar, dass es auf dem internationalen Markt Konkurrenzprodukte gibt. Diese suchen Sie als Praktikant in unserer Firma, indem Sie die Suche mit den entsprechenden englischen Begriffen

<table>
<tr><td rowspan="2">Ergebnisprotokoll
Recherche</td></tr>
</table>

	Ergebnisprotokoll Recherche
Autor: Praktikant	
Quelle: Internet, Patente, Fachbuch, eigene Versuche, Produktanalyse Datum:	**Praktikumsaufgabe Nr.: 5.2**

Fragestellung (vollständige Sätze):

Suche nach „Enzymatischer Etikettenlöser"

Methode (Suchmaschine, (Such-)Sprache, Testkäufe, Konsumentenbefragungen, usw.):

Suchmaschine Google, deutsche Suchbegriffe

Resultate (Anzahl der Treffer, genauere Betrachtung der Einträge, Ergebnisse der Produkttests):

1. [enzymatischer Etikettenlöser]: kein Treffer
2. [enzymatischer] [Etikettenlöser]: 2 Treffer, nicht relevant, Begriffe zufällig in längerer Produktliste
3. [enzymatische] [Etikettenlöser]: 1 Treffer, nicht relevant, Begriffe zufällig in längerer Produktliste
4. [Enzyme] [Etikettenlöser]: 9 Treffer, Listen mit Reinigungsprodukten, kein relevantes Produkt identifiziert

Schlussfolgerungen (falscher Suchbegriff, zu viele/zu wenige Treffer, Eigenschaften des getesteten Produkts in Bezug auf die Entwicklung usw.):

Falscher Suchbegriff, Suche modifizieren, aktive Verben verwenden, alternative Begriffe im Wörterbuch für Synonyme nachschlagen

Datum:	Gesehen (Leiter):
Unterschrift:	

wiederholen. Da Sie hierzu spezifische Fachbegriffe benötigen – wer weiß schon, was „Etikettenkleber" auf Englisch heißt? –, holen Sie sich als Praktikant bei TiGer BioTec ein paar Tipps von Ihren Kollegen: Neben allgemeinen Quellen wie „Leo" (http://dict.leo.org/) und „Wikipedia" (www.wikipedia.org/) wird man in der Regel auf den englischsprachigen Seiten (Homepages) deutscher Hersteller entsprechender Produkte fündig.

> **Praktikumsaufgabe 5.3:** Suchen Sie die englischen, französischen und spanischen Begriffe für „Klebeetiketten", „Etikettenkleber", „Etikettenlöser" bei Google und bei entsprechenden Herstellern. Protokollieren Sie Ihre Suche in der gleichen Art wie in Praktikumsaufgabe 5.2 beschrieben.

Auf diese Weise haben Sie herausgefunden, dass Produkte zum Entfernen von Etiketten im Englischen *label remover* genannt werden.

Um zu prüfen, ob unsere Idee eines Etikettenlösers auf enzymatischer Basis irgendwo auf der Welt bereits realisiert wurde, suchen Sie als Praktikant also nach den Begriffen [*label remover enzymes*].

> **Praktikumsaufgabe 5.4:** Führen Sie die Suche nach Konkurrenzprodukten auf dem internationalen Markt bei Google durch, verwenden Sie für Ihre Suche die entsprechenden englischen, französischen und spanischen Begriffe. Protokollieren Sie Ihre Suche wie in Praktikumsaufgabe 5.2 beschrieben.

Für die englischsprachige Suche bei Google erhalten Sie rund 200.000 Einträge. Eine Stichprobe von geöffneten Webseiten lässt vermuten, dass hier die Verwendung von Enzymen in Reinigern angesprochen wird. Sie müssen also Ihre Suche erneut einschränken.

> **Praktikumsaufgabe 5.5:** Führen Sie die Suche bei Google mit den Begriffen [*enzymes*] [*label remover*], verwenden Sie für Ihre Suche auch die entsprechenden französischen und spanischen Begriffe. Prüfen Sie die einzelnen Einträge in Hinblick auf die Erwähnung eines enzymatischen Etikettenlösers. Protokollieren Sie Ihre Suche wie in Praktikumsaufgabe 5.2 beschrieben.

Die eingeschränkte Recherche liefert nur noch ungefähr 200 Einträge. Zu Ihrer Zufriedenheit scheint eine erste Betrachtung der Einträge keine enzymbasierten Produkte zu identifizieren.

Wie ist dieses Resultat zu bewerten? Sie konnten zeigen, dass unsere Produktidee eines schonenden enzymbasierten Etikettenlösers tatsächlich neu zu sein scheint. Sie wären auch in der Lage, diese Suche jederzeit zu reproduzieren, da Sie Ihr Vorgehen in gewohnter Weise protokolliert haben. Auf dieses Ergebnis aufbauend trifft der Projektmanager die Entscheidung, in das Projekt weiter Zeit und Geld zu investieren.

Abb. 5.6 *Beispiel für das Ergebnisprotokoll einer Internetrecherche. Ein entsprechendes Formblatt finden Sie bei den Arbeitshilfen (Kapitel 9).*

Sie sehen, dass Sie im Unternehmen Verantwortung dafür tragen, was Sie tun. Auf der Grundlage der Resultate Ihrer Arbeit werden unternehmerische Entscheidungen getroffen, die unter Umständen erhebliche Kosten mit sich bringen.

Ihre wissenschaftliche Ausbildung ermöglichte Ihnen, erste marktrelevante Informationen zu sammeln. Im Folgenden werden Sie kennenlernen, wie man einen Markt detaillierter betrachtet. Sie werden auch bemerken, dass Ihnen Ihr naturwissenschaftliches Grundverständnis hierbei ein strukturiertes Vorgehen erleichtert.

Um ein Produkt zu vermarkten, reicht eine gute Idee allein nicht aus. Unsere Firma muss natürlich vor allem wissen, ob dieses Produkt auch bei entsprechenden Kunden auf Interesse stößt und ob sie es gegebenenfalls kaufen würden. Zur Auslotung des potenziellen Kundenkreises, realistischer Verkaufszahlen und des erzielbaren Umsatzes für das geplante Produkt ist eine Marktanalyse[3] zwingend erforderlich, die in unserem Falle alle Produkte zur Entfernung von Etiketten umfassen sollte. Über eine derartige Studie sind neben Informationen zum möglichen Käuferprofil auch Hinweise zu einer Marketing- und Preisstrategie zu erlangen. Die Ergebnisse der Marktanalyse bilden damit die Basis für eine erste Abschätzung der projektrelevanten wirtschaftlichen Einflussgrößen wie Marktanteil, Umsatz, Stückzahl, maximaler Entwicklungsaufwand, Investitionen, Amortisation und erreichbarer Gewinn. Von den Ergebnissen dieser Analyse hängt ab, ob eine konkrete Entwicklung überhaupt gestartet werden kann. Sie werden nun nach konkurrierenden Produkten und deren Herstellern suchen.

[3] Marktstudien bilden in der Wirtschaft die Grundlagen für die meisten unternehmerischen Entscheidungen.

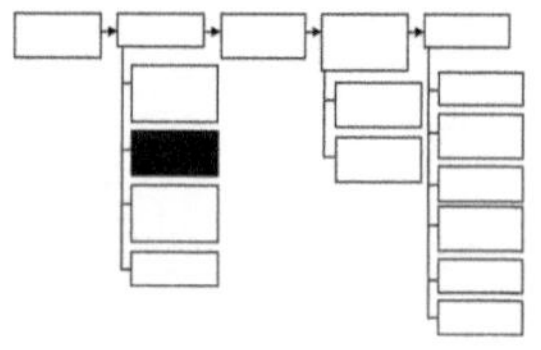

Abb. 5.7 *Arbeitspaket 2.2.*

5.2.2 Arbeitspaket 2.2: Wer sind die Mitbewerber?

Auch wenn die Produktidee eines enzymbasierten Etikettenlösers neu zu sein scheint, gibt es natürlich schon andere Etikettenlöser auf dem Markt. Sie stellen eine Konkurrenz dar. Erste Informationen zu diesen Konkurrenzprodukten erhalten Sie wieder über das Internet.

> **Praktikumsaufgabe 5.6:** Sie suchen bei Google nach Etikettenlösern auf dem deutschen Markt. Verwenden Sie für Ihre Suche deutsche Begriffe wie [Etiketten], [Löser], [Etikettenlöser], [Etikettenentferner] und [Etikettenkleber entfernen]. Protokollieren Sie Ihre Suche wie in Praktikumsaufgabe 5.2 beschrieben.

Ihre Recherche liefert Ihnen mehrere Tausend Einträge. Unter anderem finden sich Haushaltstipps, lexikalische Einträge, Wörterbücher und Hinweise von Herstellern und Homepages von Firmen. Diese Vielzahl von Treffern macht es unpraktikabel, im Detail zu analysieren, ob hier ein enzymatischer Etikettenlöser beschrieben ist. Wie Sie es gewohnt sind, müssen Sie daher die Suche durch geeignete Kombinationen von Begriffen einschränken. Allerdings ist diese Vorgehensweise kein Garant für bessere Resultate. Die Aufgabe Ihrer Recherche ist die Identifizierung von kommerziellen Anbietern und möglichst von Preisen. Daher erweitern Sie die Suche um den Begriff [Preis]. Erneut finden sich Verbrauchertipps, aber auch Einträge aus dem Bereich Recycling, wo Etiketten und Etikettenkleber als Störstoffe wahrgenommen werden. Unter den Einträgen finden sich immer wieder Erlebnisberichte „genervter" Verbraucher, die Probleme mit Kleberrückständen beschreiben. Bis zu diesem Punkt identifizierte Ihre Recherche nur ein einziges kommerzielles Produkt.

Der „richtige" Suchbegriff ist entscheidend für die Qualität der Treffer. Unter dem Stichwort [Etikettenentferner] finden wir bereits mehr als 2.000 Einträge bei Google. Eine Sichtung der Resultate führt zu brauchbareren Informationen, so z. B. eine Reihe von Produkten, die als „technische Etikettenentferner" im industriellen Bereich Anwendung finden. Diese Produkte werden überwiegend in sehr großen Packungen angeboten. Sie erscheinen für den Haushaltsbereich eher ungeeignet.

Versuchen Sie es erneut mit einem neuen Suchbegriff: [Etikettenlöser]. Google liefert hier mehr als 4.000 Treffer. Eine schnelle Sichtung mehrerer Dutzend Einträge zeigt Ihnen verschiedene Hersteller, Vertriebswege (Online-Shops, Bastelläden, Büroartikelhandel), Testberichte und Preisvergleiche.

> **Praktikumsaufgabe 5.7:** Suchen Sie bei Google nach im Handel erhältlichen Etikettenlösern auf dem deutschen Markt. Schränken Sie Ihre Suche durch geeignete Begriffe soweit ein, dass Sie weniger als hundert Treffer, überwiegend Produktinformationen, erhalten. Protokollieren Sie Ihre Suche wie in Praktikumsaufgabe 5.2 beschrieben.

Versuchen Sie nun, die erhaltene Information systematisch zu ordnen. Es gibt offenbar zwischen ein und zwei Dutzend Etikettenlöser auf dem deutschen Markt.

Man findet Produkte in verschiedenen Formulierungen, d. h. als Flüssigkeit, Gel, Spray oder als Stift. Die Packungsgrößen liegen zwischen 50 ml und 250 ml, die Endverbraucherpreise betragen 5 bis 20. Alle Produkte sind im Einzelhandel erhältlich.

> **Praktikumsaufgabe 5.8:** Erstellen Sie eine tabellarische Übersicht der charakteristischen Daten der identifizierten Produkte (Hersteller, Packungsgröße, Preis, Inhaltsstoffe, Vertriebsweg, Anwendungshinweise). Versuchen Sie im Internet Testberichte über die identifizierten Produkte zu finden und analysieren Sie diese in Bezug auf Funktionalität und Kundenzufriedenheit. Fassen Sie Ihre Ergebnisse in einem kurzen Protokoll (2 bis 3 Seiten) zusammen.

Ein Beispiel dafür, wie Ihre Analyse aussehen könnte, finden Sie in Abb. 5.8.

Unser schonender, enzymbasierter Etikettenlöser wird vermutlich keine neuen Käuferschichten erschließen, es kann sich nur um einen Verdrängungswettbewerb handeln. Man wird sich als Verbraucher wohl entweder für ein bereits am Markt etabliertes Produkt oder aber für unser neues Produkt entscheiden. Bevor wir uns als Firma TiGer BioTec entschließen, in diese Konkurrenzsituation einzutreten, müssen wir in Erfahrung bringen, wer sich hier als Hersteller bereits behauptet. Ihre Analyse der Konkurrenzprodukte hat Ihnen schon erste Informationen zu entsprechenden Herstellern und damit zu den Mitbewerbern um den Markt für Etikettenlöser geliefert. Auch eine am Markt etablierte Firma wird die Entwicklungen in der Branche ständig beobachten. Die Analyse der Konkurrenz, deren Vorgehen und deren Ziele gehört daher zu den wichtigsten Aufgaben in einem Unternehmen (siehe auch Kapitel 7). Im Folgenden werden Sie in Ihrem Praktikum kennenlernen, wie eine entsprechende tiefer gehende Recherche aussehen könnte.

Um mehr über konkurrierende Firmen zu erfahren, gehen Sie zweckmäßigerweise in zwei Schritten vor. Zunächst identifizieren Sie die Mitbewerber. Anschließend versuchen Sie, möglichst viele Detailinformationen über diese Firmen zu sammeln. Wie Sie sehen werden, reicht dazu in der Regel eine Internetrecherche allein nicht aus.

Auswertung

Seite 1 von Datum:	**Praktikumsaufgabe Nr.: 5.8**

Nr.	Hersteller	Packungs-größe	Preis	Formulierung / Inhaltsstoffe	Vertriebsweg	Anwendungs-hinweise	Funktionalität (Internet)	Kunden-zufriedenheit (Internet)
1	ABC	50 ml	€ 4,95	Flüssig / Lösungsmittel	Einzelhandel	dünn auftragen	in 30 s abgelöst	✱✱✱
2	EFF	100 g		Gel / Lösungsmittel	Internet	dünn auftragen	in 2 min abgelöst, lässt Kleb- stoffspuren zurück	
3	IJKL	100 ml	€ 8,95	Paste / Lösungsmittel	Einzelhandel	dünn auftragen, 5 min einwirken lassen	nach 5 min abgelöst	✱✱

Abb. 5.8 *Beispiel für die Auswertung Ihrer Recherche. Ein entsprechendes Formular finden Sie in den Arbeitshilfen (Kapitel 9).*

Traditionell präsentieren sich Firmen mit ihren Produkten auf Fach- und Verbrauchermessen. Für ein Unternehmen ist der Auftritt bei solchen Messen nahezu unverzichtbar, da hier der unmittelbare Kontakt zwischen Hersteller, Handel und Verbrauchern hergestellt wird. Sollten Sie im Rahmen Ihres Praktikums bei TiGer BioTec keine Gelegenheit haben, eine Messe persönlich zu besuchen, bietet Ihnen der entsprechende Internetauftritt (z. B. www.biotechnica.de) meist schon wertvolle Orientierungshilfen. Sie finden hier oft die Liste der Aussteller, entsprechende Kontakte (Adressen, Links) oder sogar detaillierte Produktinformationen.

Eine weitere nützliche Informationsquelle über Mitbewerber sind Branchenverbände, beispielsweise der Verband der Chemischen Industrie (www.vci.de).

Praktikumsaufgabe 5.9: Recherchieren Sie, ob es einen Fachverband von Firmen gibt, die sich mit der Herstellung, Verarbeitung oder Entfernung von Etiketten beschäftigen. Protokollieren Sie Ihre Suche wie in Praktikumsaufgabe 5.2 beschrieben.

Branchenspezifische Zeitschriften (*Trade Journals*) dienen ebenfalls zum Austausch von technischen und marktrelevanten Informationen. Als Praktikant bei TiGer BioTec finden Sie Zugang zu diesen Zeitschriften z. B. über die entsprechenden Verbände oder über das Internet.

Praktikumsaufgabe 5.10: Versuchen Sie, eine Zeitschrift zu finden, die sich an die Hersteller von Etiketten wendet (Google-Suche: [Zeitschrift Etiketten]). Protokollieren Sie Ihre Suche wie in Praktikumsaufgabe 5.2 beschrieben.

Darüber hinaus gibt es eine Reihe von möglicherweise hilfreichen Firmendatenbanken im Internet. Im Folgenden sind beispielhaft einige Datenbanken aufgeführt, in denen Sie kostenfrei nach deutschen Unternehmen suchen können: http://wlw.de (ein Lieferantenverzeichnis), bfr.de und http://www.industriedaten.de (deutsche Firmenregister). Ausländische Unternehmen finden Sie z. B. unter www. opages.com (opäisches Firmenverzeichnis) oder bei www.kompass.com (weltweites Firmenverzeichnis).

Weiterhin gibt es auch einige interessante kostenpflichtige Datenbanken (z. B. www.genios.de). Vor einer solchen kostenpflichtigen Recherche sollten Sie als Praktikant bei TiGer BioTec Rücksprache mit dem Projektmanager nehmen.

> **Praktikumsaufgabe 5.11:** Versuchen Sie mindestens zehn Firmen in Deutschland und in England zu identifizieren, die sich mit der Herstellung von Etikettenlösern beschäftigen. Protokollieren Sie Ihre Suche wie in Praktikumsaufgabe 5.2 beschrieben.

Sie haben nun als Praktikant bei TiGer BioTec eine Liste mit deutschen und internationalen Unternehmen erstellt, die als Konkurrenten infrage kommen könnten. Über die jeweilige Homepage der identifizierten Firma und, soweit verfügbar, über ihre Geschäftsberichte erfahren Sie, wie groß ein Unternehmen ist, wie lange es am Markt etabliert ist und wie seine Produktpalette aussieht.

Archive von Tageszeitungen können Ihnen Auskunft geben über die Firmengeschichte, Umstrukturierungen, Neuentwicklungen, Einstellung von Aktivitäten oder auch Investitionen in neue Produktionsstätten.

Mehr über die Technologie und die Produktentwicklung der Konkurrenz erfahren Sie aus Patenten und sonstigen Publikationen der Firmen. Mit dem wichtigen Thema „Patente" werden Sie sich in Ihrem Praktikum noch ausführlicher beschäftigen.

Schließlich sollten Sie als Praktikant bei TiGer BioTec versuchen, Hinweise auf die aktuellen Forschungstätigkeiten der Konkurrenz zu erhalten. Da industrielle Forschungsprojekte häufig mit öffentlichen Mitteln finanziert werden, finden Sie recht ausführliche Informationen zu entsprechenden Projekten beispielsweise beim Deutschen Bundesministerium für Bildung und Forschung (www.bmbf.de), beim Deutschen Bundesministerium für Wirtschaft und Technologie (www. bmwi.de) oder beim Forschungsinformationsdienst der opäischen Union (http://cordis. opa.eu).

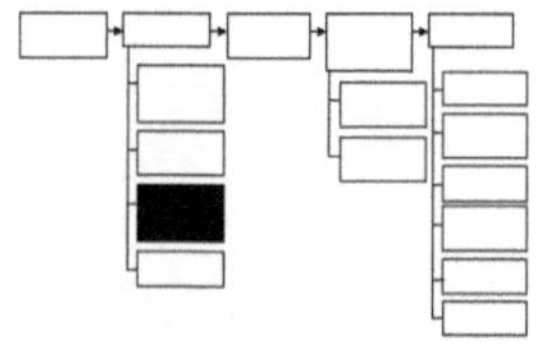

Abb. 5.9 *Arbeitspaket 2.3.*

5.2.3 Arbeitspaket 2.3: Analyse der Konkurrenzprodukte

Ihre bisherigen Recherchen haben Ihnen Hinweise und Hintergrundinformationen zu Herstellern und ihren Produkten geliefert. Um über die Papierlage hinaus die Wirksamkeit der Produkte auf dem Markt einschätzen zu können, sind praktische Untersuchungen unabdingbar. Daher besteht Ihre nächste Aufgabe darin, sich die Vertriebswege, das Produktdesign sowie die Funktionalität der Konkurrenzprodukte in der Realität anzuschauen.

Sie müssen sich zunächst selbst einen Eindruck davon verschaffen, wie die Verkaufssituation aussieht: Wo gibt es Etikettenlöser (welche Geschäfte, welche Abteilungen)? Welche Packungsgrößen werden angeboten? Wie viel kosten sie? Antworten auf diese Fragen werden Orientierungshilfe für eine Produktentwicklung sein.

Weiterhin kann es zweckdienlich sein, die Konkurrenzprodukte in der Praxis zu testen: Lassen sie sich problemlos einsetzen oder gibt es auf den Verpackungen Hinweise auf mögliche Einschränkungen des Anwendungsbereichs (empfindliche Oberflächen, von Kindern fernhalten usw.)? Lösen sie Etiketten in der gewünschten Weise ab? Ist ihr Design ansprechend, riecht das Produkt unangenehm etc.? In welchen Punkten könnten wir uns positiv von der Konkurrenz absetzen? Da unser neues Produkt auch nach diesen Kriterien bewertet werden wird, müssen die Ergebnisse dieser Tests in die Spezifikationen für den schonenden Etikettenlöser einfließen. Diese Informationen in ihrer Gesamtheit definieren den Rahmen, in welchem sich unser Produkt, der schonende Etikettenlöser, auf dem Markt behaupten muss.

Daher schicken wir Sie als Praktikant im Auftrag der Firma TiGer BioTec einen Vormittag zum Shoppen.

> **Praktikumsaufgabe 5.12:** Wo gibt es Etikettenlöser zu kaufen? Besuchen Sie mindestens zehn Einzelhandelsgeschäfte und Supermärkte.
> 1. Suchen Sie dort die Etikettenlöser. 2. Analysieren Sie das Angebot (Wie viele verschiedene Produkte? Wie viele Hersteller?). Notieren Sie Preise und Packungsgrößen sowie ggf. angegebene Einschränkungen des Anwendungsbereichs (von Kindern fernhalten etc.). Protokollieren Sie Ihre Suche wie in Praktikumsaufgabe 5.2 beschrieben.

> **Praktikumsaufgabe 5.13 (optional):** Wie bewähren sich die Konkurrenzprodukte in der Anwendung? Testen Sie ein oder zwei käuflich zu erwerbende Konkurrenzprodukte gemäß der jeweiligen Gebrauchsanweisung. Verwenden Sie hierzu möglichst verschiedene Papieretiketten auf unterschiedlichen Oberflächen. Protokollieren Sie Ihre Versuche wie in Praktikumsaufgabe 5.2 beschrieben. In einem realen Unternehmen würde die Firma die Kosten für die Testkäufe erstatten; als virtuelle Firma hat TiGer BioTec diese Möglichkeit leider nicht.

Scheuen Sie sich bei Ihren Testkäufen nicht, die Verkäufer direkt auf die Produkte oder auch auf das Fehlen eines Angebots anzusprechen. Niemand kennt die Produkte besser als diejenigen, die von deren Verkauf leben. Sie erhalten so wertvolle Hinweise nicht nur zu Einsatzmöglichkeiten und Handhabbarkeit, sondern auch über die Gründe, warum Kunden bestimmte Produkte gegenüber anderen bevorzugen oder ablehnen.

Es hat sich schließlich in der Praxis bewährt, alle Fakten über die in der Internetrecherche oder in Testeinkäufen identifizierten Konkurrenzprodukte in einer detaillierten Marktübersicht einander gegenüberzustellen.

Auswertung

Seite 1 von
Datum: **Praktikumsaufgabe Nr.: 5.14**

Nr.	Hersteller	Preis	Formulierung / Inhaltsstoffe	Anwendungs-hinweise	Funktionalität (Internet)	Kunden-zufriedenheit (Internet)	Funktionalität im eigenen Test (siehe Laborjournal)	Be-merkungen
1	ABC	€ 4,95	Flüssig / Lösungsmittel	dünn auftragen	in 30 s abgelöst	★★★	vollständiges Ablösen des Etiketts in 30 s	stechender Geruch
2	EFF		Gel / Lösungsmittel	dünn auftragen	in 2 min abgelöst, lässt aber Klebstoff-spuren zurück		vollständiges Ablösen des Etiketts in 3 min	Beschädi-gung der Oberfläche
3	IJKL	€ 8,95	Paste / Lösungsmittel	dünn auftragen, 5 min einwirken lassen	nach 5 min abgelöst	★★	unvollständiges Ablösen des Etiketts in 5 min, auch nach 10 min keine bessere Wirkung	

Abb. 5.10 *Beispiel für die Auswertung Ihrer Recherche. Ein entsprechendes Formular finden Sie in den Arbeitshilfen (Kapitel 9).*

> **Praktikumsaufgabe 5.14 (optional):** Erstellen Sie eine tabellarische Marktübersicht über im Einzelhandel erhältliche Etikettenlöser, indem Sie die Ergebnisse der Praktikumsaufgabe 5.12 um die Resultate der Praxistests ergänzen.

Ein Beispiel dafür, wie Ihre Ergebnisse aussehen könnten, finden Sie in Abbildung 5.10 dargestellt.

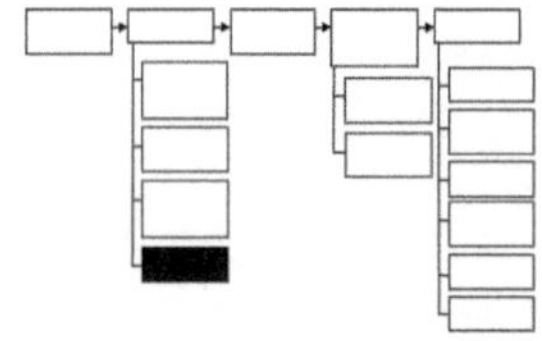

Abb. 5.11 *Arbeitspaket 2.4.*

5.2.4 Arbeitspaket 2.4: Zielgruppe

Ihre bislang erhaltenen Ergebnisse erlauben es nun auch, eine konkretere Vorstellung über unsere möglichen Kunden zu entwickeln. Hierbei sollten Sie zwei Aspekte berücksichtigen: Zum einen, wie sieht ein „typischer" Käufer eines schonenden, enzymbasierten Etikettenlösers aus, und zum anderen, wie viele potenzielle Käufer können wir realistisch erwarten?

Stellen Sie sich hierzu eine Person vor, die frustriert vor dem Problem steht, die Reste eines Etiketts schonend zu entfernen. Sie hat bereits den vergeblichen Versuch unternommen, das bewusste Etikett von einem t en Geschenk abzureißen und sucht nun im Handel nach einer schnellen und dennoch „professionellen" Lösung. Diese Person wird daher das gesuchte Produkt nicht im Internet bestellen, sondern versuchen, es im Einzelhandel zu finden, da es unmittelbar benötigt wird. Damit ist der Vertriebsweg Online-Shops (Versand) vermutlich weniger bedeutsam für unsere Firma. Der Einzelhandel scheint Erfolg versprechender zu sein, um unser Produkt zu platzieren.

Allein die Tatsache, dass die genannte Person sich auf die Suche nach einem Spezialprodukt zum Entfernen von Etiketten macht, weist sie als qualitätsbewusst aus. Wir können daher davon ausgehen, dass sie für ein gutes Produkt auch einen angemessenen Preis zahlen würde, der sich allerdings nicht wesentlich von Preisen der Konkurrenz unterscheiden sollte.

Was könnte einen Kunden in dieser Situation schließlich dazu bewegen, unseren schonenden, enzymbasierten Etikettenlöser der Konkurrenz vorzuziehen? Unter der Voraussetzung, dass alle Produkte gleich wirksam sind, geben hier die bereits erwähnten Gesundheits-, Umwelt- und Entsorgungsaspekte den Ausschlag für seine Kaufentscheidung. Damit wird auch klar, dass die genannten Aspekte für die Produktentwicklung und das Marketing im Vordergrund stehen müssen.

Sie haben eine sehr konkrete Vorstellung von einer möglichen Zielgruppe entwickelt. Diese umfasst im Wesentlichen Kunden, die umweltbewusst und ökologisch orientiert einkaufen. Sie verfügen in der Regel auch über die entsprechenden Einkommen, eine hinreichende Vorbildung und ein entsprechendes Problembewusstsein, um ihre Kaufentscheidung bewusst im oben genannten Sinne auszurichten. Laut Internet lässt sich damit eine Zielgruppe von mehreren Millionen potenziellen Kunden in Deutschland ansprechen.

> **Praktikumsaufgabe 5.15**: Recherchieren Sie im Internet, wie groß die Zielgruppe für „ökologische" Produkte eingeschätzt wird. Führen Sie hierzu eine Recherche für den Lebensmittelbereich und eine für andere Konsumgüter, beispielsweise Bekleidung, durch. Protokollieren Sie Ihre Suche wie in Praktikumsaufgabe 5.2 beschrieben.

5.3 Arbeitspaket 3: Literatur und Patente

Das nächste Arbeitspaket der Machbarkeitsstudie umfasst die Recherche über den Stand der Technik in Bezug auf den von uns vorgesehenen Einsatz von Enzymen. Hierbei sind zwei Aspekte zu berücksichtigen: Einerseits sollen Sie Informationen beschaffen, ob eine ähnliche Entwicklung bereits veröffentlicht wurde. Andererseits werden Informationen darüber benötigt, wie eine technische Lösung aussehen könnte. Gemeint ist hier vor allem, welche Enzyme zum Einsatz kommen könnten.

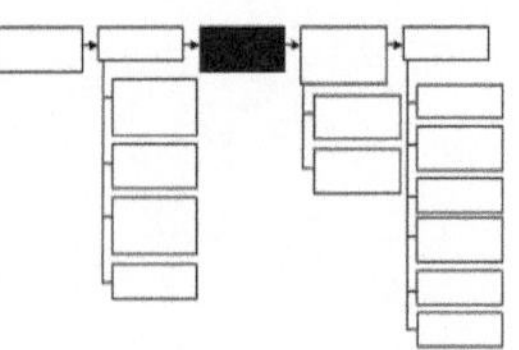

Abb. 5.12 *Arbeitspaket 3.*

Als Biologe sind Sie gewohnt, in Lehr- und Fachbüchern und vor allem in wissenschaftlichen Publikationen nach relevanten Informationen zu suchen. In der Wirtschaft ist eine weitere Informationsquelle, nämlich die Patentliteratur von Bedeutung. Die Analyse der Patentliteratur dient wesentlich als Informationsbasis für die Planung von Forschungsaktivitäten und für die Produktentwicklung und ist damit unverzichtbar.

Ein Patent beschreibt einen bestimmten Sachverhalt, d. h. eine Erfindung rechtlich verbindlich. Patente sind anders zu lesen als wissenschaftliche Publikationen, da sie nicht der Verbreitung von Information, sondern dem Schutz einer Idee dienen, sie sollen Nachahmungen verhindern.

Patente folgen einem formalisierten Aufbau: Zuerst wird der Stand der Technik im Detail dargelegt, dann wird die Erfindung, d. h. das Funktionsprinzip eines Produkts oder Verfahrens, erläutert. Es folgen Anwendungsbeispiele und schließlich die Patentansprüche (*claims*). Auf dem Deckblatt finden sich Angaben zur Patentnummer, Erfindern, Patentinhabern und weiteren relevanten Daten wie z. B. Anmeldedatum (Abb. 5.13).

Patente müssen sich einer amtlichen Prüfung durch wissenschaftlich und technisch qualifizierte Fachleute unterziehen. Daher sind Informationen, die aus Patenten gewonnen werden, für Firmen besonders vertrauenswürdig. Sie sind eine bevorzugte Quelle, um sich über den Stand der Technik zu einer bestimmten Fragestellung zu informieren. Weiterhin kann man in Patenten Hinweise finden auf Schwierigkeiten, die bestimmte Technologien in der Anwendung verursachen. Vor allem informieren Patente aber, ob eine Erfindung bereits rechtlich geschützt ist.

5.3.1 Wem gehört eine Idee – Ihre erste Patentrecherche

Produktideen sind wertvoll. Sie sind der Ausgangspunkt für Innovationen, sie bilden die Voraussetzung für die Behauptung von Unternehmen auf dem Markt. Produkte lassen sich gegebenenfalls kopieren, daher kann (und sollte) ein Unternehmen wie TiGer BioTec seine Produktideen mit einem besonderen Schutz in Form von Patenten versehen. In patentierter Form stellen Produktideen bereits selbst Produkte dar. Auch Patente haben ihren Markt und ihren Preis. Nur der Besitzer eines Patents kann ein Recht an einer Idee geltend machen und sie vermarkten.

Abb. 5.13 *Titelseite eines Patents. Bei einer Patentrecherche sollten Sie neben den inhaltlichen Informationen auch die in der Abbildung gekennzeichneten Elemente schriftlich festhalten. Für die spätere Analyse sind diese Angaben hilfreich. Anhand des Anmeldedatums sehen Sie beispielsweise, ob das Patent noch gültig sein kann, denn die Patentlaufzeit beträgt in der Regel 20 Jahre bezogen auf das Anmeldedatum (Quelle: depatisnet.net).*

1 Patentnummer

(19) BUNDESREPUBLIK DEUTSCHLAND

DEUTSCHES PATENT- UND MARKENAMT

(12) **Übersetzung der europäischen Patentschrift**

(97) EP 0 706 567 B 1

(10) **DE 694 27 403 T 2**

(51) Int. Cl.[7]:
C 12 N 15/12
C 07 K 14/46
A 61 K 38/17
C 07 K 16/18
C 12 P 21/08

DE 694 27 403 T 2

(21) Deutsches Aktenzeichen:	694 27 403.8	
(86) PCT-Aktenzeichen:	PCT/FR94/00780	
(96) Europäisches Aktenzeichen:	94 920 523.1	
(87) PCT-Veröffentlichungs-Nr.:	WO 95/01431	
(86) PCT-Anmeldetag:	28. 6. 1994	
(87) Veröffentlichungstag PCT-Anmeldung:	12. 1. 1995	
Erstveröffentlichung durch das EPA:	17. 4. 1996	
Veröffentlichungstag der Patenterteilung beim EPA:	6. 6. 2001	
(47) Veröffentlichungstag im Patentblatt:	6. 6. 2002	

2 Anmeldedatum

(30) Unionspriorität:

9307901	29. 06. 1993	FR
9400202	11. 01. 1994	FR
94400062	11. 01. 1994	EP

(73) Patentinhaber:

Transgene S.A., Straßburg/Strasbourg, FR

(74) Vertreter:

Wilhelms, Kilian & Partner, 81541 München

(84) Benannte Vertragstaaten:

AT, BE, CH, DE, DK, ES, FR, GB, GR, IE, IT, LI, LU, MC, NL, PT, SE

(72) Erfinder:

KOLBE, Hanno V.J., F-67118 Geispolsheim, FR;
RASMUSSEN, Ulla B., F-67118 Geispolsheim, FR;
KREIL, Günther, A-5081 Anif, AT; ACHSTETTER,
Tilman, D-77704 Oberkirch, DE

4 Inhaber (Firma)

3 Erfinder

(54) PEPTIDE-FAMILIE, GENANNT XENOXINE

5 Titel

Anmerkung: Innerhalb von neun Monaten nach der Bekanntmachung des Hinweises auf die Erteilung des europäischen Patents kann jedermann beim Europäischen Patentamt gegen das erteilte europäische Patent Einspruch einlegen. Der Einspruch ist schriftlich einzureichen und zu begründen. Er gilt erst als eingelegt, wenn die Einspruchsgebühr entrichtet worden ist (Art. 99 (1) Europäisches Patentübereinkommen).

Die Übersetzung ist gemäß Artikel II § 3 Abs. 1 IntPatÜG 1991 vom Patentinhaber eingereicht worden. Sie wurde vom Deutschen Patent- und Markenamt inhaltlich nicht geprüft.

DE 694 27 403 T 2

Der überwiegende Teil der Informationen zu den Ergebnissen von industriellen Entwicklungsprojekten findet sich in Patenten. Insbesondere die Ergebnisse der industriellen Forschung sind daher häufig nur über die Patentliteratur zugänglich.

Bevor TiGer BioTec über die weitere Entwicklung eines schonenden, enzymbasierten Etikettenlösers nachdenkt, müssen Sie in Ihrer Praktikantenfunktion prüfen, ob die zugrunde liegende Produktidee nicht bereits in Form eines Patents geschützt ist. Auch wenn kein entsprechendes Produkt auf dem Markt ist, kann nicht ausgeschlossen werden, dass nicht die Idee für ein derartiges Produkt durch ein Patent geschützt wurde. Folgerichtig werden Sie nach entsprechenden Patenten suchen.

Wie gehen Sie jetzt vor? Vermutlich haben Sie sich in Ihrem Studium noch nicht mit Patenten befassen können, dennoch wird Ihnen auch hier Ihre wissenschaftliche Ausbildung ermöglichen, diese Aufgabe zu meistern. Patente haben ihre eigene Sprache. Sie sind in der Regel so abgefasst, dass die beschriebenen Erfindungen einen möglichst umfassenden Schutz genießen. Beispielsweise könnte ein Patent, das sich mit dem Ablösen von Tapeten beschäftigt, so formuliert sein, dass generell das Ablösen von geklebtem Papier geschützt wird. In diesem Falle würde auch das Ablösen von Papieretiketten unter diesen Schutz fallen können, auch wenn dies explizit, d. h. mit diesen Begriffen, so nicht erwähnt ist.

Sie sehen, dass sich eine umfassende Patentrecherche komplex gestalten kann. Dennoch wird Sie der Projektmanager bitten, eine erste, orientierende Suche nach relevanten Patenten vorzunehmen. Dies macht Sinn, weil Sie in vielen Fällen fündig werden können, wenn Sie die entsprechenden fachlichen Zusammenhänge genau kennen. Auf diese Aufgabe sind Sie als Biologe gut vorbereitet, da Sie nach Ihrem Studium die entsprechenden biologisch-chemischen Zusammenhänge und Begrifflichkeiten kennen. Eine umfassende, gegebenenfalls rechtlich-verbindliche Patentrecherche wird man jedoch immer Fachleuten, in diesem Fall Patentanwälten übertragen.

Wo können Sie nun Patente finden? Hier sind die Patentämter die Informationsquelle der Wahl. Eine Recherche im Datenbestand des Deutschen Patentamtes (http://depatisnet.dpma.de/) bietet einen einfachen Einstieg, um relevante Patente zu finden.

Praktikumsaufgabe 5.16: Suchen Sie im Datenbestand des Deutschen Patentamtes (http://depatisnet.dpma.de/) nach Patenten mit dem Stichwort [Etikettenlöser]. Folgen Sie dem Link „=> Recherche". Wählen Sie den „=> Einsteigermodus". Starten Sie Ihre Suche mit dem Stichwort [Etikettenlöser] im Feld „=> Volltext". Protokollieren Sie Ihre Suche wie in Praktikumsaufgabe 5.2 beschrieben.

Als Resultat Ihrer Suchanfrage mit dem Begriff [Etikettenlöser] erhalten Sie eine Liste mit mehreren Treffern. Allein auf der Basis der angezeigten Liste der aufgeführten Patente können Sie aber noch nicht entscheiden, ob diese für unser Projekt von Bedeutung sind. Das Patentamt bietet hier die Möglichkeit, die identifizierten Dokumente im Volltext zu lesen.

Praktikumsaufgabe 5.17: Lassen Sie sich die identifizierten Patente als pdf-Dateien anzeigen. Notieren Sie sich die Nummern der Patentschriften sowie deren Titel. Suchen Sie in den Patentschriften nach dem Kontext, in dem der Begriff [Etikettenlöser] genannt wird. Achtung: Manche Patente sind als Bilder gescannt und können nicht nach Begriffen durchsucht werden, hier hilft nur lesen.

Notieren Sie, in welchem Zusammenhang Ihr Suchbegriff verwendet wird. Protokollieren Sie Ihre Suche wie in Praktikumsaufgabe 5.2 beschrieben. Sie sollten das Lesen von Patenten ruhig an mehreren Beispielen einüben.

Wie sind die gefundenen Informationen zu bewerten? Findet sich der Suchbegriff bereits im Titel des Patents, ist seine Relevanz offensichtlich. Der Titel eines Patents beschreibt den angestrebten Schutz jedoch nur sehr unzureichend. Was geschützt werden soll, finden Sie in dem Abschnitt „Ansprüche" im Detail beschrieben. Hier wird formuliert, welche Bereiche der Patentanspruch umfasst. Sie sollten also besonders in diesem Abschnitt prüfen, ob und in welchem Zusammenhang Ihr Suchwort verwendet wird.

Wenn Sie die auf Ihre Suchanfrage erhaltenen Patente studiert haben, werden Sie feststellen, dass diese sich im Wesentlichen mit so genannten „Vorrichtungen" zur Verarbeitung von Etiketten befassen. Diese Patente betreffen offensichtlich unsere Produktidee eines enzymatischen Etikettenlösers nicht.

Sie dürfen sich aber auf keinen Fall in falscher Sicherheit wiegen. Allein der gesunde Menschenverstand sollte Ihnen sagen, dass die Allgegenwart von Etiketten und der Ärger, den sie gegebenenfalls im Alltag verursachen, schon viele Menschen dazu veranlasst haben dürften, über eine Problemlösung nachzudenken. Sie sollten auf jeden Fall die Suche mit weiteren Begriffen ausweiten.

Praktikumsaufgabe 5.18: Suchen Sie im Datenbestand des deutschen Patentamtes wie oben beschrieben nach den Begriffen [Etiketten] [lösen]. Protokollieren Sie Ihre Suche wie in Praktikumsaufgabe 5.2 beschrieben.

Erwartungsgemäß erhalten Sie bei dieser Suche in der Datenbank des Patentamtes einige Tausend Treffer. Dieses Ergebnis zeigt, dass die Wahl eines Suchbegriffs für das Resultat der Suche äußerst kritisch ist.

Die große Zahl der erhaltenen Einträge bestätigt die Hypothese, dass es viele Ansätze zum Problem des Etikettenablösens zu geben scheint. Für unsere Produktidee relevant ist der Einsatz von Enzymen zum Ablösen von Etiketten.

> **Praktikumsaufgabe 5.19:** Suchen Sie im Datenbestand des deutschen Patentamtes wie oben beschrieben nach den Begriffen [Enzyme] [Etiketten] [lösen]. Protokollieren Sie Ihre Suche wie in Praktikumsaufgabe 5.2 beschrieben.

Ihre Suche führt Sie aber immer noch zu einigen Dutzend Treffern. Diese Anzahl erscheint überschaubar genug, um eine detaillierte Analyse durchzuführen.

> **Praktikumsaufgabe 5.20:** Lassen Sie sich die identifizierten Patente als pdf-Dateien anzeigen. Notieren Sie sich die Nummern der Patentschriften sowie deren Titel. Notieren Sie, in welchem Zusammenhang der Begriff [Enzyme] verwendet wird. Protokollieren Sie Ihre Suche wie in Praktikumsaufgabe 5.2 beschrieben.

> **Praktikumsaufgabe 5.21:** Als weitere Übung sollten Sie die Suchanfrage mit den Begriffen [Enzym] [Etiketten] [lösen] probieren. Kommen sie auf die gleiche Zahl an Treffern? Sind die Treffer identisch? Schauen Sie sich zur Übung das Patent mit der Nr. DE 600 24677 T2 genauer an, es sollte sich in Ihrer Auflistung finden.

Im nächsten Schritt führen Sie als Praktikant bei TiGer BioTec eine Recherche in internationalen Patentdatenbanken durch. Eine Recherche im Datenbestand des opäischen Patentamtes (ec.espacenet.com) bietet einen einfachen Einstieg, um relevante Patente zu finden.

> **Praktikumsaufgabe 5.22:** Suchen Sie im Datenbestand des €opäischen Patentamtes (ec.espacenet.com). Folgen Sie dem Link „=> *quick search*". Starten Sie Ihre Suche mit den Stichworten [*label and remover and enzymes*] im Feld „=> *search term(s)*". Probieren Sie auch die Suche mit [*label*] [*remover*] [*enzymes*]. Protokollieren Sie Ihre Suche wie in Praktikumsaufgabe 5.2 beschrieben.

Ihre Suche liefert vermutlich keine Treffer. Allerdings ist in dieser Datenbank die Suche auf die Felder „*title*" und „*abstract*" beschränkt, die „*claims*" werden nicht erfasst. Sie können sich mit diesem Ergebnis nicht zufriedengeben und werden daher noch weitere Patentdatenbanken abfragen.

Der amerikanische Markt ist einer der Größten weltweit. Daher ist eine Recherche beim dortigen Patentamt immer sinnvoll.

> **Praktikumsaufgabe 5.23:** Suchen Sie im Datenbestand des
> Amerikanischen Patentamtes (www.uspto.gov/patft/index.html).
> Sie haben hier die Möglichkeit, in erteilten Patenten oder in
> Patentanmeldungen zu suchen. Folgen Sie zunächst dem Link „=>
> *quick search"* bei den erteilten Patenten. Starten Sie Ihre Suche mit
> den Stichworten [*label*] im Feld „*term 1"* und [*remover*] im Feld „*term
> 2"*. Schränken Sie Ihre Suchergebnisse ein, indem Sie im Feld „*refined
> search"* [*AND enzymes*] hinzufügen. Protokollieren Sie Ihre Suche wie
> in Praktikumsaufgabe 5.2 beschrieben.

Anders als in der opäischen Datenbank finden sich unter den Begriffen
[*label*] und [*remover*] und [*enzymes*] hier immer noch zahlreiche
Einträge. Die Datenbank des Amerikanischen Patentamtes berücksichtigt auch das Feld „Ansprüche", was dieses Resultat erklären könnte.

Sie sollten sich nun wiederum der Mühe unterziehen, diese Patente
im Sinne unserer Produktidee zu analysieren. Auch die Amerikanische
Patentdatenbank bietet Ihnen die Möglichkeit, sich die Patente im
Volltext anzeigen zu lassen.

Eine Ergänzung zur Recherche bei den Patentämtern stellt die
Suchmaschine Scirus (www.scirus.com) dar. Hier können Sie, ähn-
lich wie bei Google, das Internet nach Begriffen durchsuchen. Scirus
bietet die Möglichkeit, Treffer nach Fundstellen zu kategorisieren.

Auswertung

Seite 1 von	**Praktikumsaufgabe Nr.: 5.24**
Datum:	Patentrecherche: Amerikanisches Patentamt; Suchbegriffe: [label] [remover] [AND enzymes]

Nr.	Patent-nummer	Titel	Anmelde-datum	Anmelder und Erfinder	Firma	Kontext
1	7,179,781	Heterogeneous cleaning composition	May 9, 2003	Fine, D. A., Klos, T. J., Stardig, R. D.	Ecolab Inc. (St. Paul, MN)	Waschmittel, enthält Surfactant(s), Sequestrant(s) und Enzym(e)
2						
3						

Abb. 5.14 *Beispiel für die Auswertung Ihrer Recherche. Ein entsprechendes Formular finden Sie in den Arbeitshilfen (Kapitel 9).*

In der Rubrik „*preferred web results*" finden sich viele Patente. Prüfen Sie selbst, ob es zu unserer Produktidee eines enzymbasierten Etikettenlösers relevante Einträge gibt.

Alternativ zur Suche mit Stichworten, die sich auf den Inhalt bzw. auf die Technologie beziehen, können relevante Patente gegebenenfalls auch über ihre Anmelder und/oder Erfinder identifiziert werden. Hat der Hersteller XY ein entsprechendes Patent angemeldet? Es ist zu erwarten, dass die Hersteller entsprechender Produkte auch Schutzrechte in Form von Patenten erworben haben. Wir vermuten, dass ein Hersteller von Etikettenlösern seine Produkte patentiert haben könnte. Aus derartigen Patenten ließen sich zumindest detaillierte Informationen zum Stand der Technik gewinnen.

Der Projektmanager bittet Sie nun als Praktikant bei TiGer BioTec um eine Präsentation eines Zwischenergebnisses. Hierzu sollen Sie zehn Patente, die Ihrer Einschätzung nach für unser Projekt relevant sein könnten, in tabellarischer Form zusammenfassen. Ein Beispiel dafür, wie Ihre Resultate aussehen könnten, finden Sie in Abbildung 5.14.

> **Praktikumsaufgabe 5.24**: Erstellen Sie eineTabelle, welche zehn der Ihnen in der amerikanischen Patentdatenbank relevant erscheinenden Einträge übersichtlich zusammenfasst mit den folgenden Kriterien: Patentnummer, Titel, Anmeldedatum, Anmelder und Erfinder, Firma sowie den Zusammenhang, in welchem die Suchbegriffe auftauchen. Ein entsprechendes Formular finden Sie in den Arbeitshilfen (Kapitel 9).

[4] Patentverletzung: wissentliche oder unwissentliche wirtschaftliche Nutzung fremder Patente mit ggf. empfindlichen Strafen

Nach Ihrer Präsentation scheint es auch dem Projektmanager wahrscheinlich zu sein, dass unsere Projektidee noch nicht durch ein Patent geschützt ist. Dies schließt, wie oben erklärt wurde, nicht aus, dass eine weitere, vertiefte Analyse doch noch Treffer liefern könnte. Das Risiko einer Patentverletzung[4] ist aber durch Ihre Arbeit verringert, sodass einer Fortsetzung des Projekts vorläufig nichts im Wege steht.

5.4 Arbeitspaket 4: Rechtliche Rahmenbedingungen – Qualitätssicherung, Standards, Normen, Richtlinien und Gesetze

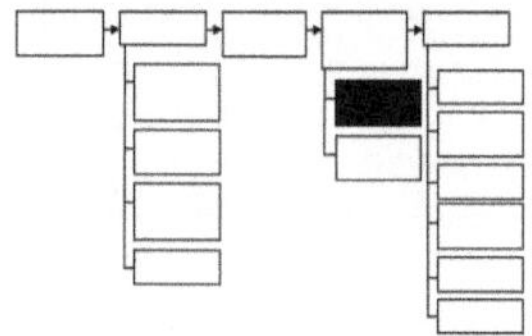

Abb. 5.15 *Arbeitspaket 4.1.*

Bei der industriellen Produktentwicklung geht es nicht allein um die Funktion eines Produkts, die Patentsituation und um den Markt, sondern es ist von Anfang an auch der Aspekt der Produktsicherheit zu beachten. Ehe ein Produkt auf den Markt gebracht werden darf, muss sichergestellt sein, dass es auch hinsichtlich seiner Sicherheit dem neuesten Stand der Technik und Wissenschaft entspricht, um jede mögliche Gefährdung der Kunden auszuschließen. Hierbei ist auch ein Fehlgebrauch zu berücksichtigen. Das Produktsicherheitsgesetz (EU-Richtlinie 178/2002) stellt fest, dass ein Produkt fehlerhaft ist, wenn es nicht die Sicherheit bietet, die der Laie berechtigterweise erwarten kann.

5.4.1 Arbeitspaket 4.1: Verbindliche Normen

In einer Produktentwicklung sind daher jederzeit die relevanten Standards und Normen zu berücksichtigen. Standards und Normen sind Vereinbarungen, welche die Funktionsfähigkeit und das Zusammenwirken von Produkten (z. B. Drucker und normiertes Papier) sichern. Auch wenn diese Vereinbarungen manchmal bürokratisch und damit hinderlich erscheinen, erleichtern sie doch die Entwicklung neuer Produkte. Hält sich ein Hersteller an die Standards, kann er beim Zukauf von standardisierten Komponenten sicher sein, dass diese auch zu seinem Produkt passen (z. B. Muttern zu Schrauben).

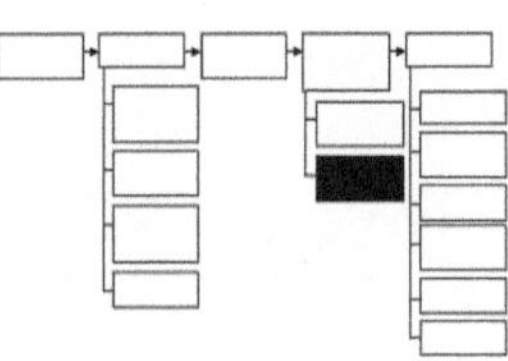

Abb. 5.16 *Arbeitspaket 4.2.*

So genannte „Industriestandards" sind Vereinbarungen, die unternehmensintern oder branchenspezifisch festgelegt werden. Ein Beispiel ist der ASCII-Zeichensatz. Normen werden auf verschiedenen Ebenen (national: DIN in Deutschland, europäisch: EN oder *European Committee for Standardization*, international: ISO) verbindlich verabschiedet.

Eine wertvolle Quelle für Informationen über die einzuhaltenden Standards und Normen sind die entsprechenden Branchenvertretungen und -verbände. Diese haben die Aufgabe, ihre Mitglieder auf dem neuesten Stand nationaler und internationaler rechtlicher Regelungen zu halten. Sie liefern ihren Mitgliedern auf Anfrage geeignete Handreichungen (Informationsmaterial, Schulungen, Seminare), die eine individuelle Umsetzung in der jeweiligen Produktentwicklung ermöglichen. Als Beispiel ist hier der Verein deutscher Ingenieure VDI (www.vdi.de) zu nennen.

Der „Industrieverband Klebstoffe" und verwandte Branchenvertretungen lassen sich im Internet finden, sie halten ebenfalls ein umfangreiches Informationsangebot bereit. Eine Liste der DIN-Normen finden Sie auch bei Wikipedia. In einer Firma sind in der Regel die entsprechenden gesetzlichen Regelungen und Normen zur Einsicht verfügbar.

> **Praktikumsaufgabe 5.25:** Sie sollten als Praktikant die Gelegenheit nutzen, sich frühzeitig mit Normen vertraut zu machen. Suchen Sie daher im Internet Normen, die für Klebeetiketten relevant sein könnten (z. B. Papiergröße). Protokollieren Sie Ihre Suche wie in Praktikumsaufgabe 5.2 beschrieben.

Eine ständige Weiterbildung auf dem Gebiet der Gesetze und Normen wird zwingender Bestandteil Ihrer beruflichen Tätigkeit in der Industrie sein.

5.4.2 Arbeitspaket 4.2: Qualitätssicherung

Andere Normen (z. B. ISO 9000) regeln, wie und nach welchen Qualitätsmerkmalen unser Produkt gefertigt werden kann. Für die entsprechenden Abläufe und die Dokumentation ist bei TiGer BioTec, wie auch bei vielen anderen Firmen, die Abteilung für Qualitätssicherung verantwortlich.

Bei TiGer BioTec wird die Qualitätssicherung schon in einer frühen Phase der Produktentwicklung mit einbezogen. Dieses Vorgehen soll sicherstellen, dass jedes neue Produkt den vorgegebenen Qualitätsmaßstäben entspricht und dass es nach den geforderten Standards gefertigt werden kann.

Um Ihnen als Praktikant bei TiGer BioTec einen Einblick in die Arbeitsweisen und Erfordernisse der Qualitätssicherung zu geben, schlägt Ihnen der Leiter der Abteilung Qualitätssicherung vor, einen Tag in seiner Abteilung zu hospitieren. Darüber wird im folgenden Kapitel zu berichten sein (Kapitel 6).

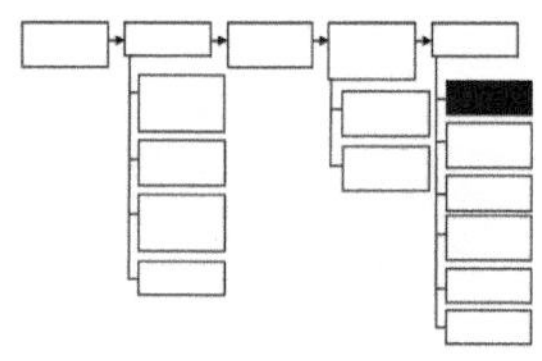

Abb. 5.17 *Arbeitspaket 5.1.*

5.5 Arbeitspaket 5: Entwurf

Mit den Informationen, die Sie als Praktikant bei TiGer BioTec gemeinsam mit dem Projektteam zusammengetragen haben, haben Sie sich einen guten Überblick über den Markt für Etikettenlöser verschafft. Ihre Marktanalyse hat gezeigt, dass ein schonender Etikettenlöser auf enzymatischer Basis interessierte Kunden finden könnte.

Es wurde bisher noch nicht betrachtet, wie das entsprechende Produkt tatsächlich aussehen könnte. Ist das Produkt technisch zu realisieren, welche sind seine Spezifikationen? Unter welchen Bedingungen sollte das Produkt funktionieren? Wie ist die Qualität zu sichern? Ist TiGer BioTec überhaupt in der Lage, ein solches Produkt selbst zu produzieren? Wie hoch dürfen die Produktionskosten sein? Diese Fragen sind daher im Folgenden vom Projektteam zu beantworten.

5.5.1 Arbeitspaket 5.1: Umsetzung

Sie wenden sich nun der Frage zu, ob das Produkt technisch zu realisieren ist. Die Grundidee für das Produkt besteht darin, mit biologischen Werkzeugen, d. h. mit Enzymen Etiketten auf- bzw. abzulösen. Als Biologe wissen Sie, dass sich geeignete Enzyme für diese Aufgabe finden lassen könnten. Voraussetzung ist, dass die zu entfernenden Klebeetiketten biologisch abbaubar sind. Um die Papierschicht anzugreifen scheinen Cellulasen geeignet zu sein. Die Kleberschicht besteht nach Ihren Recherchen oft aus einem Polyester (Abb. 5.3 und 5.4). In der Literatur finden Sie Hinweise auf Enzyme, die Polyester spalten können. Es könnte also theoretisch möglich sein, ein enzymbasiertes

Produkt zu entwickeln, welches hilft, Papieretiketten mit Polyester-Kleberschicht schonend abzulösen.

> **Praktikumsaufgabe 5.26:** Als Praktikant bei TiGer BioTec sollten Sie Ihr biologisches Fachwissen einsetzen, um geeignete Enzyme zu identifizieren. Sie sollten Enzyme zum Abbau einerseits der Papierschicht und andererseits der Kleberschicht benennen. Erstellen Sie eine tabellarische Übersicht, die deren Eigenschaften wie spezifische Aktivität, pH- und Temperatur-Optima, Stabilität usw. auflistet. Identifizieren Sie für jede der beiden „Aufgaben" mindestens fünf Enzyme unterschiedlicher Herkunft. Verwenden Sie Originalliteratur, wie Sie dies aus Ihrer wissenschaftlichen Ausbildung gewohnt sind. Als kostenfrei zugängliche Quellen sind hier z. B. NCBI (www.ncbi.nlm.nih.gov) oder PLOS (www.plos.org) zu nennen. Protokollieren Sie Ihre Suche wie in Praktikumsaufgabe 5.2 beschrieben.

Ihre Recherche hat Ihnen erlaubt, möglicherweise für unser Produkt geeignete Enzyme zu identifizieren. Sie müssen aber beachten, dass die von Ihnen aufgelisteten Eigenschaften in Laboruntersuchungen in optimierten Systemen ermittelt wurden. Es ist fraglich, ob die erforderlichen Aktivitäten dieser Enzyme in einem technischen Produkt wie unserem Etikettenlöser gewährleistet werden können. Dieser Aspekt birgt daher ein nicht unerhebliches Risiko für unsere Entwicklung. Die Planung der Testphase wird dies berücksichtigen.

Häufig sind die relevanten Eigenschaften für reine Enzyme ermittelt worden. Solche gereinigten Enzympräparate kommen aus Kostengründen für unser Produkt keinesfalls in Betracht. In Haushaltsprodukten wie in unserem Etikettenlöser kommen technische Enzyme zum Einsatz. Meist handelt es sich hier um preiswerte Präparate aus Mikroorganismenkulturen, die die gewünschte enzymatische Aktivität aufweisen, daneben aber noch zahlreiche andere Komponenten enthalten können.

> **Praktikumsaufgabe 5.27:** Identifizieren Sie fünf Hersteller technischer Cellulasen. Vergleichen Sie die Leistungsdaten (vor allem Aktivität und Stabilität) der angebotenen Enzyme mit Ihren entsprechenden Ergebnissen aus der vorhergehenden Aufgabe. Protokollieren Sie Ihre Suche wie in Praktikumsaufgabe 5.2 beschrieben.

Bei dieser Recherche sollten Sie als Praktikant nicht zögern, Kontakte zu Herstellern von technischen Enzymen aufzunehmen. Diese könnten Ihnen gegebenenfalls mit technischen Informationen weiterhelfen.

5.5.2 Arbeitspaket 5.2: Funktionsbereich

Unter welchen Bedingungen soll das Produkt funktionieren können? Der schonende enzymatische Etikettenlöser der Firma TiGer BioTec wird im Haushaltsbereich eingesetzt werden. Sie sollten sich Gedanken

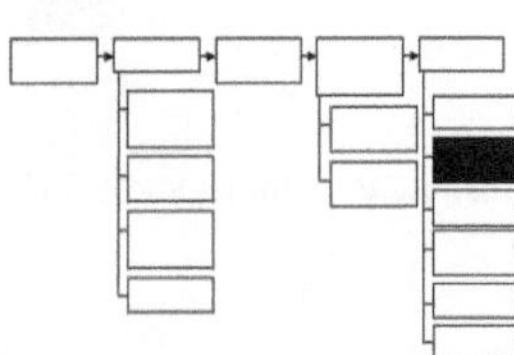

Abb. 5.18 *Arbeitspaket 5.2.*

dazu machen, welche besonderen Anforderungen an unser Produkt daraus erwachsen.

> **Praktikumsaufgabe 5.28**: Erstellen Sie eine Auflistung mit Anforderungen, die in Bezug auf die Funktionsfähigkeit unseres Produkts bei seiner Anwendung im Haushalt berücksichtigt werden sollen. Denken Sie beispielsweise daran, welche Temperaturen im Anwendungsbereich, im Transport und in der Lagerung realistischerweise herrschen werden. Eine mögliche Überdosierung sollte ohne Folgen bleiben. Unser Produkt muss mindestens so wirksam sein wie seine Konkurrenzprodukte. Daraus ergeben sich bestimmte Anforderungen an die Leistungsmerkmale. So darf z. B. die Zeit, die benötigt wird, um ein Etikett vollständig abzulösen, nicht wesentlich länger sein als bei der Verwendung von vergleichbaren Produkten. Die Packungsgröße sollte mehr als nur eine Anwendung erlauben. Das Produkt sollte unmittelbar einsetzbar sein, ohne dass weitere Komponenten noch zugegeben werden müssen. Diese Liste von Anforderungen sollten Sie als Praktikant nun vervollständigen. Denken Sie z. B. an die Art der Verpackung, eventuell notwendige Konservierungsmittel oder an Geruch und Farbe des Produkts. Ein entsprechendes Formblatt finden Sie in den Arbeitshilfen (Kapitel 9).

5.5.3 Arbeitspaket 5.3: Qualität

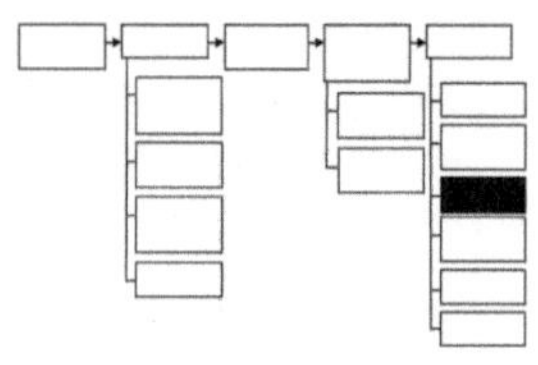

Abb. 5.19 *Arbeitspaket 5.3.*

Welche Anforderungen sind an die Qualität zu stellen? Der Kunde erwartet von Industrieprodukten, dass sie in gleichbleibender Güte gefertigt werden. Der Qualitätsbegriff beschränkt sich nicht allein auf die Wirksamkeit unseres Produkts. Er umfasst auch Faktoren wie Stabilität gegenüber mikrobiellem Verderb, Entwicklung unangenehmer Gerüche, Veränderung der Konsistenz, Farbe und vieles andere mehr.

> **Praktikumsaufgabe 5.29**: Erstellen Sie eine Auflistung der Kriterien, an denen wir die Qualität unseres enzymatischen Etikettenlösers bewerten können. Denken Sie z. B. an die Geschwindigkeit der Ablösung des Etiketts, an seine Lagerfähigkeit und an seine Konsistenz. Berücksichtigen Sie dabei auch die bereits erwähnten Normen und Richtlinien zur Qualität. Machen Sie einen realistischen Vorschlag für Verfahren zur Qualitätssicherung und schlagen Sie geeignete Analyseverfahren vor, die es erlauben, die Einhaltung der von Ihnen genannten Kriterien zu prüfen.

5.5.4 Arbeitspaket 5.4: Produktionskapazität

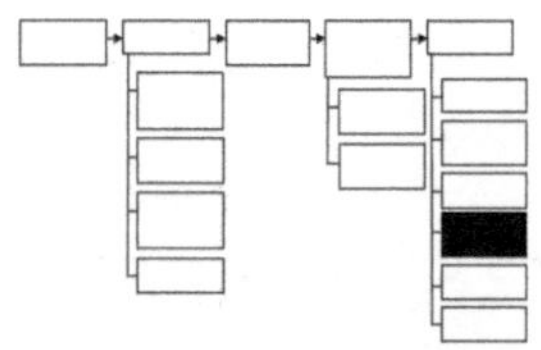

Abb. 5.20 *Arbeitspaket 5.4.*

Ist TiGer BioTec überhaupt in der Lage, ein derartiges Produkt selbst herzustellen? Um die Möglichkeiten abschätzen zu können, unter welchen Bedingungen TiGer BioTec den enzymbasierten Etikettenlöser produzieren könnte, muss sich das Projektteam Gedanken machen, ob die Firma über das notwendige Know-how und die entsprechenden Ressourcen verfügt. Da das Geschäftsfeld von TiGer BioTec die Entwicklung enzymbasierter Produkte umfasst, sollten wir davon ausgehen können, dass die erforderlichen Technologien (z. B. Verarbeitung von Proteinen,

Qualitätskontrolle von Enzymen, Verpackung) in der Firma beherrscht werden.

Kritischer ist hier die Frage, ob bei TiGer BioTec die erforderlichen Stückzahlen produziert werden können, die Voraussetzung sind, um den Preis des Produkts konkurrenzfähig gestalten zu können.

Eine einfache Kalkulation soll die Problematik des Mindestumsatzes verdeutlichen. Wie Sie bei Ihren Testkäufen ermittelt haben, werden Konkurrenzprodukte zu einem Einzelpreis von maximal € 5 pro Packung vertrieben. Nehmen wir dies als Richtgröße für den Preis unseres Produkts, so können wir daraus auch den möglichen Erlös abschätzen. Erfahrungsgemäß liegt der Erlös für den Hersteller nach Abzug der Produktionskosten bei etwa 2 % des Verkaufspreises, also in unserem Falle bei rund € 0,10 pro Packung. Um € 1.000 Erlös (Gewinn) zu erzielen, müssen demnach 10.000 Packungen unseres Etikettenlösers verkauft werden.

> **Praktikumsaufgabe 5.30:** Kalkulieren Sie, wie viele Packungen unseres enzymatischen Etikettenlösers pro Tag hergestellt werden müssen, um einen Jahresgewinn von € 100.000 zu erzielen. Gehen Sie dabei von 220 Produktionstagen im Jahr aus.

Wie Ihre Kalkulation ergibt, wird eine Herstellung des neuen Produkts nur maschinell möglich sein. Die Antwort auf die eingangs gestellte Frage, ob TiGer BioTec das neue Produkt gegebenenfalls selbst fertigen kann, wird also davon bestimmt werden, ob die Firma über die geeigneten Maschinen verfügt, um die Produktion der von Ihnen kalkulierten Stückzahlen zu gewährleisten. Alternativ ist daran zu denken, die Produktion bei einem entsprechend spezialisierten Partner durchführen zu lassen.

5.5.5 Arbeitspaket 5.5: Produktionskosten

Wie hoch dürfen die Produktionskosten sein? Um eine unternehmerische Entscheidung über die Weiterentwicklung eines enzymbasierten Etikettenlösers auch nach betriebswirtschaftlichen Kriterien zu treffen, benötigt die Geschäftsführung von TiGer BioTec eine Abschätzung der Produktions- sowie der Entwicklungskosten.

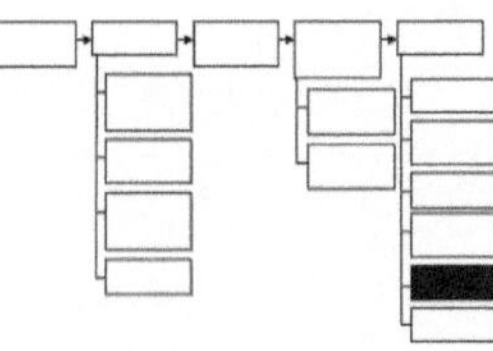

Abb. 5.21 *Arbeitspaket 5.5.*

Den Preis, den Verbraucher für ein Produkt zum Etikettenablösen bereit sind zu zahlen, haben Sie im Zuge Ihrer Marktanalyse abgeschätzt. Er liegt bei maximal € 5 pro Packung. Mit dem neuen Produkt muss sich TiGer BioTec an diesen Vorgaben orientieren. Bei einem Ladenpreis von € 5 pro Packung dürfen erfahrungsgemäß die Produktionskosten 10 % dieser Summe, also € 0,50 nicht übersteigen. Dies ist die wesentliche Richtgröße für die technische Entwicklung des Produkts. Diese Summe von € 0,50 muss die Kosten für Produktion, Rohmaterialien, Verpackung, Transport usw. vollständig abdecken.

	Kostenschätzung	
Personalkosten	Pauschal pro Mitarbeiter € 50.000 pro Jahr	€
Sachkosten (Material, Rohstoffe etc.)	Rohstoffe, Chemikalien	€
	Kosten für Analysen	€
	Kosten für Verpackung	€
	ggf. weitere Positionen ergänzen	€
Investitionen	Abschreibung (Investitionskosten, verteilt auf 96 Monate)	€
Nebenkosten	Aufschlag (pauschal) von 80 % auf die Personalkosten (Geschäftsführung, Buchhaltung etc. müssen „mitfinanziert" werden)	€
Summe		€

Abb. 5.22 *Tabellarische Kostenschätzung.*

Um ein ausgereiftes Produkt auf den Markt bringen zu können, ist für die Entwicklung der Rezeptur sowie von Herstellungs- und Testverfahren ein nicht unerheblicher Aufwand an Forschung und Entwicklungsarbeit nötig.

Praktikumsaufgabe 5.31: Schätzen Sie die Entwicklungskosten für den enzymbasierten Etikettenlöser unter den folgenden Annahmen ab. Nehmen Sie an, dass die weitere Entwicklung von drei Mitarbeitern in sechs Monaten fertiggestellt werden könnte. Setzen Sie dabei Personalkosten von € 50.000 im Jahr und pro Person an. Nehmen Sie weiterhin an, dass für Chemikalien und Materialien ca. € 2.000 sowie an Nebenkosten, so genannten *overhead costs*, € 50.000 im Jahr benötigt werden. In Abbildung 5.22 finden Sie eine tabellarische Darstellung, die Ihnen diese Kalkulation erleichtert. Eine Excel-Datei steht auf tigerbiotec.blogspot.com zum Download bereit.

Praktikumsaufgabe 5.32: Schätzen Sie ab, wie viele Packungen des enzymatischen Etikettenlösers verkauft werden müssen, um die von Ihnen abgeschätzten Entwicklungskosten zu decken. Nehmen Sie wie oben einen Erlös von € 0,10 pro Packung an.

Auf der Grundlage Ihrer Berechnung wird sich die Firma TiGer BioTec vermutlich gegen eine eigene Produktion entscheiden müssen.

Die Produktentwicklung könnte aber dennoch weitergeführt werden. Voraussetzung hierfür wäre es, einen geeigneten Partner zu finden, der das entwickelte Produkt in Lizenz herstellt. Auf diesem Wege könnten die Entwicklungskosten ohne zusätzliche Investitionen in die Produktion schneller amortisiert werden.

5.5.6 Arbeitspaket 5.6: Bericht

Den Abschluss Ihrer Praktikantentätigkeit in der Abteilung Produktentwicklung bildet die Zusammenfassung Ihrer Resultate in einem Bericht und eine Präsentation der daraus resultierenden Empfehlungen. Nachdem hinreichende Informationen für die Bewertung unserer Projektidee zusammengetragen wurden, ist es Ihre Aufgabe als Praktikant, für den Projektmanager eine aussagekräftige Zusammenfassung der wesentlichen Fakten zu erstellen. Er wird diese Zusammenfassung um eine Empfehlung ergänzen, ob und wie die Entwicklung eines schonenden enzymbasierten Etikettenlösers fortzuführen sei. Auf der Grundlage dieses Dokuments und den darin formulierten Empfehlungen wird die Firmenleitung die entsprechende Entscheidung treffen.

Das Dokument, das Sie als Praktikant erstellen, muss möglichst kurz, klar strukturiert, aussagekräftig und inhaltlich vollständig sein.

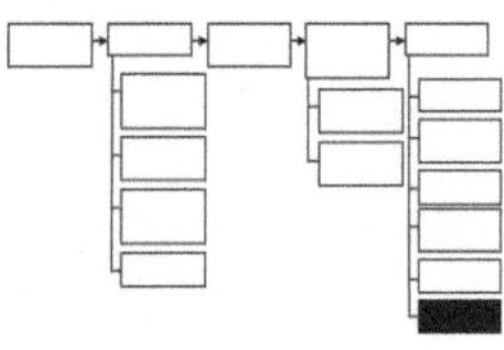

Abb. 5.23 *Arbeitspaket 5.6.*

> **Praktikumsaufgabe 5.33:** Erstellen Sie den Abschlussreport für die Geschäftsführung von TiGer BioTec in Form einer Powerpoint-Präsentation. Verwenden Sie folgende Gliederung (je ein bis zwei Folien): die Produktidee, die Marktsituation, Patente, technische Umsetzbarkeit, ökonomische Machbarkeit, Empfehlungen. Beispiele für eine derartige Präsentation finden Sie unter tigerbiotec.blogspot.com.

Nachdem Sie eine Vielzahl von Aufgaben erfolgreich bewältigt haben, konnten Sie, lieber Leser, in Ihrem Praktikum bei TiGer BioTec einen ersten Einblick in die Projektarbeit unserer Firma gewinnen. Sie haben gelernt, was man in der Wirtschaft unter Projekten versteht, wie sie geplant, strukturiert und bearbeitet werden.

Weitere Themenstellungen, Projekte und Aufgaben können Sie auf unserem Blog (tigerbiotec.blogspot.com) finden. Dort informieren wir Sie auch über die Möglichkeit, ein Praktikumszertifikat zu erwerben.

6. | Ein Tag in der Qualitätssicherung

In unserer Firma TiGer BioTec nimmt die Qualitätssicherung eine zentrale Stellung ein. Unsere Kunden erwarten von unseren Produkten, dass sie ihren hohen Anforderungen entsprechen. Die Abteilung Qualitätssicherung ist eine der drei Abteilungen, die die Firmenstruktur von TiGer BioTec ausmachen (Abb. 3.1). Sie ist dafür verantwortlich, dass wir unser hohes Qualitätsniveau einhalten und dieses jederzeit unseren Kunden gegenüber dokumentieren können.

Die Mitarbeiter der Abteilung Qualitätssicherung beschäftigen sich einerseits mit der Analyse und fachgerechten Dokumentation von Abläufen, die die Entwicklung und Herstellung unserer Produkte betreffen. So werden alle Produkte, ehe sie die Firma verlassen, im Labor auf genau festgelegte Qualitätsmerkmale hin untersucht (z. B. ob eine Verpackung tatsächlich die angegebene Menge des Produkts enthält). Zum anderen ist die Qualitätssicherung damit befasst, firmeninterne Abläufe im Sinne einer Qualitätssteigerung zu verbessern. Grundlage für die Arbeit der Qualitätssicherung bilden bestimmte Normen, die Sie in Kapitel 5 im Arbeitspaket 4.1 schon kennengelernt haben. In der Life-Science-Branche gibt es darüber hinaus eine Reihe von internationalen Normen (*Good Laboratory Practice* – GLP, *Good Manufacturing Practice* – GMP und andere GxPs).

Diese berücksichtigen die besondere Verantwortung der Hersteller in Bezug auf die Sicherheit von Arzneimitteln, Diagnostika und Medizinprodukten. Nähere Informationen zu diesen Regelwerken finden Sie z. B. bei der amerikanischen Gesundheitsbehörde, der *Food and Drug Administration* (FDA, www.fda.gov), und bei der entsprechenden europäischen Behörde, der *European Medicines Agency* (emea.europa.net).

Sie kommen zum Leiter der Qualitätssicherung genau in dem Moment, als dieser ein kleines Paket in Empfang nimmt. Er verspricht Ihnen, Sie an einem konkreten Beispiel, dem Umgang mit dem eben erhaltenen Paket, in die Aufgaben seiner Abteilung einzuführen.

Der Leiter der Qualitätssicherung erklärt Ihnen den Weg, den ein Produkt wie dieses Enzympräparat nun im Einzelnen in der Firma neh-

TiGer BioTec	QM–Handbuch *TiGer BioTec*
Seite: 1 von Gültig ab: 04.07.2008 Revision:	**Abteilung Forschung und Entwicklung**

INHALT

Seite

Abb. 6.1 *Titelblatt Qualitätsmanagementhandbuch.*

men wird. Wie alle Vorgänge bei TiGer BioTec ist auch der Wareneingang im Qualitätsmanagementhandbuch geregelt (Abb. 6.1).

Das Qualitätsmanagementhandbuch umfasst detaillierte Beschreibungen aller Maßnahmen zur Sicherung und Verbesserung der Qualität in einem Unternehmen. Es enthält die Sammlung detaillierter Verfahrensanweisungen (Standardarbeitsanweisung, SOP, Abb. 6.2).

Eine SOP beschreibt einen routinemäßigen Arbeitsablauf, sie gibt den Mitarbeitern präzise Handlungsanweisungen und alle nötigen Informationen darüber, wie im Einzelfall zu verfahren ist.

Der Leiter der Qualitätssicherung fordert Sie als Praktikanten bei TiGer BioTec nun auf, anhand des entsprechenden Abschnitts im Qualitätsmanagementhandbuch den Wareneingang zu dokumentieren. Dazu ist das Formblatt „Eingang Biologisches Material" auszufüllen. Abbildung 6.3 zeigt Ihnen ein ordnungsgemäß und vollständig ausgefülltes Muster. Das entsprechende Formblatt sowie ein Formblatt für den Eingang von Chemikalien finden Sie bei den Arbeitsmaterialien (Kapitel 9).

Sie stellen fest, dass es sich bei dem erwähnten Paket um eine Lieferung für die Abteilung Produktentwicklung handelt. Die SOP, die bei TiGer

<table>
<tr><td rowspan="2">Tiger BioTec</td><td colspan="2">Standardarbeitsanweisung
SOP   1 – 0X</td></tr>
<tr><td>Seite: 1 von
Gültig ab:
Revision:</td><td>**Gliederung einer SOP**</td></tr>
</table>

Exemplar-Nummer: ☐

☐   Arbeitsexemplar --- Unterliegt dem Änderungsdienst

☐   Informationsexemplar --- Unterliegt nicht dem Änderungsdienst

INHALT

Seite

1. ZWECK...

2. GELTUNGSBEREICH...

3. BEGRIFFE / ABKÜRZUNGEN..

4. VERANTWORTLICHKEIT...

5. BESCHREIBUNG..

   5.1 Geräte..
   5.2 Reagenzien...
   5.3 Durchführung..
   5.4 Fehlerquellen..

6. MITGELTENDE UNTERLAGEN..

7. ANLAGEN..

SOP_1-0X.doc	erstellt:	geprüft:	freigegeben:
Abteilung			
Name			
Datum			
Unterschrift			

Abb. 6.2 *Titelblatt SOP.*

<table>
<tr><td rowspan="2">

Tiger BioTec (Logo)</td><td>Formblatt</td></tr>
<tr><td>Seite 1 von 1　　Eingang Biologisches Material</td></tr>
</table>

Bezeichnung	Esterase aus Hefe
Eingangsdatum	14.07.08
Hersteller 　Telefon, Telefax, E-Mail	Firma XYZ
Lieferant 　Telefon, Telefax, E-Mail	Post
Bestellnummer	123 456
Bestellt für	gk / ta
Preis (in €)	€ 70
Lieferumfang (Stückanzahl 　oder vergleichbare Angabe)	1 Paket
Volumen bzw. Masse je Stück	10 Gramm
Charge	2008-juni-XY
Aggregatzustand	Pulver
Lagerhinweis	Kühl und trocken lagern
Verwendbar bis	14.09.08
Entsorgungshinweis	Autoklavieren
Lagerort	Labor 206
Sonstiges	Für Produktentwicklung „Etikettenlöser"

Ausgefüllt von: gk

Datum, Unterschrift

Abb. 6.3 *Formblatt „Eingang Biologisches Material".*

BioTec den Wareneingang beschreibt, fordert Sie dazu auf, sich davon zu überzeugen, dass das Paket unbeschädigt in der Firma angekommen ist. Sie notieren Ihre Beobachtungen auf dem dafür vorgesehenen Formular, welches Sie im Weiteren vervollständigen werden.

Sie bringen das Paket direkt zum angegebenen Adressaten in die Produktentwicklung. Ein Mitarbeiter dieser Abteilung hat von einem Hersteller ein Produktmuster bestellt. Es handelt sich um eine Enzympräparation, die auf ihre Fähigkeit hin getestet werden soll, Klebeetiketten in einem Modellversuch abzulösen.

Gemeinsam mit dem Mitarbeiter öffnen Sie das Paket. Ein Blick in die Schachtel zeigt ein in Plastikfolie verpacktes graubraunes Material von feinkörniger Beschaffenheit. Schnell stellt sich heraus, dass das kleine Paket keine weiteren Informationen enthält.

Bevor mit neuen Chemikalien in der Firma umgegangen werden darf, fordert das Qualitätsmanagementhandbuch, die relevanten Sicherheitsinformationen zu dokumentieren, wobei ein so genanntes Sicherheitsdatenblatt anzulegen ist (Abb. 6.4).

Hersteller von Chemikalien (und ggf. Lieferfirmen) sind verpflichtet, diese Informationen auf einem Beipackzettel mit der Lieferung zur Verfügung zu stellen. Leider fehlt dieser Beipackzettel in unserem Paket! Sie können also nicht wissen, ob und welche Sicherheitsrisiken im Umgang mit der Warenprobe verbunden sein können? So könnte das Produkt beispielsweise Allergien auslösen, oder es könnte giftige Bestandteile wie bestimmte Konservierungsstoffe enthalten. Daher beauftragt Sie der Leiter der Abteilung Qualitätssicherung, entsprechende Sicherheitsinformationen zu beschaffen. Zu diesem Zweck wenden Sie sich nun direkt an den Hersteller. Sie versuchen, mit dem für die Warenprobe verantwortlichen Mitarbeiter einen Telefonkontakt herzustellen.

Der entsprechende Mitarbeiter des Herstellers kann Sie beruhigen. Er teilt Ihnen mit, dass das Material gefahrlos gehandhabt werden könne. Trotz dieser mündlichen Zusicherung verlangt die entsprechende firmeninterne Vorschrift (SOP 1.03.24: Wareneingang) von TiGer BioTec eine Dokumentation, die Material, welches in der Firma ankommt, präzise beschreibt (Abb. 6.3).

Erst diese Dokumentation des Herstellers macht die Herkunft und Beschaffenheit von Produkten im Sinne einer Qualitätssicherung nachvollziehbar. Daher bitten Sie Ihren Ansprechpartner um die Übermittlung per Fax eines entsprechenden Dokumentes, um unnötige Wartezeiten zu vermeiden.

Das Dokument, welches Sie nach kurzer Zeit in Händen halten, weist das körnige Pulver als Enzympräparat aus. Laut der detaillierten Herstellerangaben sind mit dem Umgang mit diesem Material und mit seiner Entsorgung keinerlei bekannte Risiken verbunden.

<table>
<tr><td rowspan="2"></td><td colspan="3">Sicherheitsdatenblatt</td></tr>
<tr><td>Seite 1 von 2</td><td colspan="2">Chemikalie: Natriumhydroxid (NaOH)</td></tr>
</table>

	Erstellt:	Geprüft:	Freigegeben:
Abteilung	QS	QS	GF
Name	Praktikant	Leiter	Leiter
Datum	14.07.08	15.07.08	18.07.08
Unterschrift			

Gefahrstoffbezeichnung

Chemikalienname:	Natriumhydroxid	ggf. Strukturformel*
Trivialname:		
Molekulargewicht:	40,01 g/mol	
Aggregatzustand:	fest	
Löslich in:	Wasser	
Aussehen, Farbe, Geruch:	Plättchen, farblos, stechender Geruch	

WGK: ......1...   MAK-Wert: .....—......ml/ m³ ......2... mg/ m³

Bemerkungen:

Gefahren für Mensch und Umwelt (R-Sätze und Besonderes)

	Gefahrensymbol
R 35, verursacht schwere Verätzungen	

Schutzmaßnahmen und Verhaltensregeln (S-Sätze und Besonderes)

S 2-26-37/39-45-EG:

- Darf nicht in die Hände von Kindern gelangen
- Bei Augenkontakt gründlich mit Wasser spülen, Arzt konsultieren
- Schutzhandschuhe und Schutzbrille, Gesichtsschutz
- Bei Unfall und Unwohlsein Arzt aufsuchen, Etikett vorzeigen
- EG Kennzeichnung

Verhalten im Gefahrfall und Erste-Hilfe-Maßnahmen

Abb. 6.4 *Beispiel für ein Sicherheitsdatenblatt (Natriumhydroxid, NaOH).*

<table>
<tr><td rowspan="2"></td><td>Sicherheitsdatenblatt</td></tr>
<tr><td>Chemikalie: Natriumhydroxid (NaOH)</td></tr>
<tr><td>Seite 2 von 2</td><td></td></tr>
</table>

Augenkontakt: Mit reichlich Wasser ausspülen, Augenarzt hinzuziehen

Hautkontakt: Mit reichlich Wasser abwaschen, kontaminierte Kleidung entfernen, bei Hautveränderungen Arzt hinzuziehen, erkennbare Verletzungen nach gründlichem Spülen abdecken

Einnahme: Reichlich Wasser trinken, Erbrechen herbeiführen, Arzt hinzuziehen

Inhalation: Frischluft, ggf. Beatmung

Handhabung und Lagerung

Trocken lagern, hygroskopisch

Sachgerechte Entsorgung

In bereitgestellten Abfallbehältern sammeln

Sonstiges

* auf beigefügtem Blatt

Abb. 6.4 *Fortsetzung.*

> **Praktikumsaufgabe 6.1:** Erstellen Sie ein Sicherheitsdatenblatt für eine Chemikalie (empfohlenes Beispiel: Aceton). Ein dafür geeignetes Formular finden Sie unter den Arbeitshilfen (Kapitel 9). Die notwendigen Informationen finden Sie im Internet, z. B. in Online-Katalogen von Herstellern und Lieferanten von Chemikalien.

Da nun die sicherheitsrelevanten Aspekte geklärt sind, darf mit dem Pulver aus dem Paket gearbeitet werden.

Es stellt sich aus der Sicht der Qualitätssicherung nun die Frage, ob das Produkt seiner Beschreibung entspricht. Als Enzympräparat handelt es sich um biologisches Material, welches vielleicht in einer bestimmten Art, d. h. kühl, gelagert werden sollte. Sinngemäß hätte dann sein Transport ebenfalls unter diesen Bedingungen erfolgen sollen.

Da Sie nicht wissen, ob dies nicht in diesem Fall notwendig wäre, fragen Sie noch einmal beim Hersteller genau nach. Der Hersteller kann nicht ausschließen, dass das Produkt bei unsachgemäßer Behandlung während des Transports Schaden genommen haben könnte. Das Paket könnte z. B. längere Zeit in der Sonne gestanden haben und sein Inhalt damit zu warm geworden sein.

Das Qualitätsmanagementhandbuch sieht in jedem Fall vor, dass als Eingangskontrolle von Enzymen die Bestimmung ihrer enzymatischen Aktivität vorzunehmen ist.

In den Herstellerinformationen findet sich auch die Beschreibung eines Testverfahrens, welches geeignet sein könnte, die Cellulose-spaltende Aktivität des Pulvers aus dem Paket zu messen, da es sich bei dem fraglichen Präparat um Cellulase-haltiges Material handelt. Die Aktivität einer Cellulase ist in Abbildung 5.4 schematisch dargestellt.

Das Qualitätsmanagementhandbuch verlangt ausdrücklich, dass für entsprechende Untersuchungen in unserer Firma ausschließlich validierte Testverfahren eingesetzt werden dürfen. Glücklicherweise hat TiGer BioTec schon Erfahrung im Umgang mit Cellulasen. Daher findet sich im Qualitätsmanagementhandbuch eine detaillierte Arbeitsvorschrift (SOP) für die Bestimmung der enzymatischen Aktivität derartiger Enzyme.

An dieser Stelle wäre es in einem realen Praktikum Ihre Aufgabe, die Warenprobe im Labor der Abteilung Qualitätssicherung auf ihre tatsächliche Cellulase-Aktivität hin zu prüfen. Als Biologe bringen Sie alle Voraussetzungen mit, die Sie für die qualifizierte Probennahme, enzymatische Analytik, Auswertung und fachgerechte Dokumentation benötigen.

Nach Durchführung dieses Enzymtests wären von Seiten der Qualitätssicherung die Voraussetzungen erfüllt, damit das Entwicklungsteam das Präparat im Zuge seiner Arbeiten am enzymatischen Etikettenlöser einsetzen könnte.

Praktikumsaufgabe 6.2: Verfassen sie eine SOP, die beschreibt, wie der Reifen eines Fahrrads gewechselt wird. Benutzen Sie dazu das Formular in den Arbeitshilfen (Kapitel 9); dort finden Sie auch Vorlagen, die Ihnen bei der Erstellung des Textes hilfreich sein können.

7. | Ein Tag im Marketing

Unsere Firma TiGer BioTec lebt davon, dass wir die Produkte verkaufen, die wir entwickeln. Wie Sie gesehen haben, sind daher alle unsere Aktivitäten auf den zukünftigen Markt ausgerichtet. Für die Verbindung zu unseren Kunden ist die Abteilung Marketing verantwortlich. Um Ihnen in Ihrem Praktikum möglichst viele Bereiche unserer Firma vorzustellen, gibt Ihnen TiGer BioTec die Gelegenheit, einen Tag lang den Arbeitsalltag im Marketing mitzuerleben.

Sie stellen sich also bei der Leiterin der Abteilung vor. Sie gibt Ihnen eine Übersicht über ihren Verantwortungsbereich. Zu Ihrer Überraschung stellen Sie fest, dass die Abteilungsleiterin Biologin ist. Sie hat Biologie und anschließend Betriebswirtschaft mit dem Schwerpunkt Marketing studiert. Die Abteilungsleiterin gibt Ihnen zunächst eine betriebswirtschaftliche Definition dessen, was man unter Marketing versteht: Hiernach beschäftigt sich Marketing mit der Analyse, Planung, Umsetzung und Kontrolle aller marktrelevanten Aktivitäten einer Firma. Um dies zu veranschaulichen, erläutert sie Ihnen einige Beispiele aus dem Aufgabenbereich der Abteilung.

Eine wichtige Aufgabe des Marketings ist die Einführung und Positionierung von neuen Produkten auf dem Markt. Dies erfolgt in enger Zusammenarbeit mit der Abteilung Produktentwicklung. Das Marketing übernimmt dabei das neue Produkt und bietet es den Kunden an. Hierzu nutzt man Methoden der Kundenwerbung (Internet, Mailing, Prospekte, Anzeigen, Fachartikel usw.). Den Handel spricht man durch persönliche Besuche, auf Werbeveranstaltungen (*events*) und bei Messen direkt an.

Das Marketing ist weiterhin verantwortlich für die Art und Weise, wie sich unser Unternehmen als Ganzes nach außen (dem Kunden) und nach innen (den Mitarbeitern) präsentiert. Es bestimmt somit die so genannte *corporate identity*. Diese umfasst unter anderem das Logo der Firma, das Layout der Firmenpapiere, eine einheitliche Gestaltung von Produktdesign, Verpackungen, Werbematerial etc. Hier arbeitet das Marketing eng mit Designern und Werbefachleuten zusammen.

Schließlich versucht Marketing mit Mitteln der Marktforschung, die aktuellen und zukünftigen Bedürfnisse der Kunden zu analysieren. Basierend auf diesen Untersuchungen wird ein auf unser Unternehmen zugeschnittener Marketing-Mix entwickelt. Dieser umfasst die Produktentwicklung (welche Produkte wollen wir künftig den Kunden anbieten, wie können wir unsere Produkte verbessern?), das anvisierte Preissegment, die „Botschaft", welche unsere Produkte dem Kunden vermitteln sollen (Umweltfreundlichkeit, Nachhaltigkeit) und die Frage der Vertriebswege.

Um Ihnen die Praxis des Marketings näherzubringen, dürfen Sie einen Tag lang einem Mitarbeiter der Abteilung an seinem Schreibtisch bei der Arbeit über die Schulter schauen.

Sie kommen zu dem Mitarbeiter in dem Augenblick, als er gerade telefonisch die Anfrage eines Händlers beantwortet. Die Frage bezieht sich auf die Haltbarkeit enzymbasierter Produkte. Ein Kunde des Händlers hatte sich über ein angeblich verdorbenes Produkt beschwert. Der Mitarbeiter unserer Firma vereinbart daher mit dem Händler, dieses Produkt zurückzunehmen und es zu ersetzen. Anschließend nimmt er Kontakt zur Qualitätssicherung auf und gibt den Vorgang zur firmeninternen Prüfung weiter.

Der nächste Kundenkontakt des Mitarbeiters verläuft erfreulicher. Ein anderer Händler bittet um den Besuch eines Mitarbeiters unserer Firma, der dort eine Präsentation für die Kunden unserer neuen Produkte veranstalten soll.

Den Rest des Tages ist der Mitarbeiter damit beschäftigt, den Messestand unserer Firma auf einer wichtigen Verbrauchermesse vorzubereiten. Es sollen einerseits Verbraucher angesprochen wer-

Abb. 7.1 *Entwurf für Werbematerial und das Packungsdesign eines Produkts von TiGer BioTec.*

den; hierfür bereitet der Mitarbeiter einfache Produktdemonstrationen und entsprechende Werbematerialien vor. Andererseits soll eine Abendveranstaltung für unsere Händler vorbereitet werden; hier sind Termine zu vereinbaren, Räumlichkeiten zu reservieren und ein Catering zu organisieren.

Wie Sie sehen, ist der Mitarbeiter mit einer Vielzahl von Aufgaben gleichzeitig betraut. Er bittet Sie um Unterstützung in Bezug auf Ihre Tätigkeit in der Produktentwicklung. Das Marketing ist beauftragt, durch gezielte Befragung der Händler die Spezifikationen für den schonenden Etikettenlöser zu präzisieren. Der Mitarbeiter hat hierzu einen Fragebogen entworfen, der als Grundlage für eine telefonische Umfrage bei Händlern dienen soll. Anhand einer Liste von Kontakten verbringen Sie die nächsten Stunden mit telefonischen Interviews der Händler.

> **Praktikumsaufgabe 7.1:** Entwerfen Sie einen Brief (maximal eine Seite) an die Händler unserer Produkte, in dem Sie den schonenden Etikettenlöser als Neuentwicklung ankündigen und bewerben.

Mit dieser Umfrage endet Ihr Tag in der Marketingabteilung. Gleichzeitig sind Sie damit auch am Ende Ihres virtuellen Praktikums angekommen. Ziel dieses Praktikums war es, Ihnen den Arbeitsalltag in einem Unternehmen nahezubringen. Weiterhin hatte es sich zur Aufgabe gemacht zu erläutern, wie das Fachwissen eines Biologen in den unterschiedlichen, scheinbar wenig offensichtlichen Bereichen äußerst nutzbringend eingesetzt werden kann.

8. | Ihr nächstes Praktikum

Das Praktikum bei TiGer BioTec haben Sie im Buchladen gefunden. Es hat Ihnen als Praktikant in unserer virtuellen Firma die Möglichkeit geboten, sich auf wesentliche Aspekte der Arbeitsweise in der Wirtschaft vorzubereiten. Es überließ Ihnen bei der Firma TiGer BioTec eine konkrete Aufgabe im Rahmen einer Produktentwicklung zur Bearbeitung. Im Arbeitsleben sind neben diesen Kenntnissen für Ihren beruflichen Erfolg auch soziale Kompetenzen von Bedeutung. Diese können im Planspiel TiGer BioTec naturgemäß nicht eingeübt werden. Daher ist Ihnen nur zu empfehlen, alles daranzusetzen, ein Praktikum in einer „echten" Firma zu absolvieren. Machen Sie die Suche nach einem geeigneten Praktikumsplatz zu Ihrem nächsten Projekt. Im Folgenden wollen wir Sie bei diesem Projekt gerne ein Stück begleiten.

8.1 Die Suche nach dem richtigen Praktikumsplatz

Wie Sie schon im Kapitel 4 (Arbeiten im Unternehmen – Projekte) gesehen haben, ist es für jedes Projekt entscheidend, ein klares und messbares Ziel zu definieren. Messbar meint in diesem Falle, dass Sie am Ende des Projekts den Ihren Zielen entsprechenden Praktikumsplatz gefunden haben sollten. Sie haben gelernt, Projektziele schriftlich festzuhalten. Versuchen Sie also aufzuschreiben, was Sie sich von diesem Praktikum versprechen. Sie werden sicher nicht einfach irgendein Praktikum machen wollen, nur weil wir Ihnen hier diesen Vorschlag unterbreiten. Überlegen Sie gut, was Ihnen die Zeit in einer Firma bringen soll. Wollen Sie Erfahrung in der realen Arbeitswelt sammeln oder sind Sie an den Aufgaben interessiert, mit denen man sich dort beschäftigt? Sehen Sie das Praktikum als Entscheidungshilfe für Ihren weiteren beruflichen Werdegang oder wollen Sie „nur" Ihren Lebenslauf „aufpolieren"?

Sie sollten bei der Formulierung Ihres Projektziels versuchen, ehrlich mit sich selbst zu sein. Es macht nur Sinn, ein Praktikum in einem

Bereich zu absolvieren, der zu Ihren beruflichen Vorstellungen passt. Sollten Sie noch keine klare Vorstellung entwickelt haben, wo Sie beruflich hin wollen, werden Sie auch kein Praktikum finden, das Ihnen diesbezüglich weiterhilft.

Finden Sie zunächst heraus, was Sie interessiert und was Ihnen wichtig ist. Welche Artikel in der Tageszeitung, welche Bücher oder welche Fernsehsendungen fesseln Sie besonders? Für welche Vorlesung stehen oder standen Sie freiwillig auch sehr früh morgens auf? Machen Sie einen Selbstversuch und beobachten Sie sich ein paar Tage selbst. Dabei ist es wichtig, dass Sie schriftlich festhalten, sobald etwas Ihr Interesse weckt. Sie werden schon nach kurzer „Zeit der Selbstbeobachtung" viele Stichpunkte zusammengetragen haben, aus denen Sie ein Bild Ihrer beruflichen Interessen ableiten können, also ob Sie sich beispielsweise für Laborarbeit oder Naturschutz, für den Kontakt zu Menschen oder für organisatorische Aufgaben interessieren. Nach diesem Interesse sollten Sie sich einen Praktikumsplatz aussuchen.

Wenn Sie sich entschieden haben, was Sie im Praktikum gerne näher kennenlernen würden, suchen Sie gezielt nach Angeboten. Hierbei kommt Ihnen zugute, was Sie in den vorherigen Kapiteln (Kapitel 4: Arbeiten im Unternehmen – Projekte, Kapitel 5: Praktikum in der Produktentwicklung bei TiGer BioTec) über die Technik der Recherche kennengelernt und auch eingeübt haben. Einen guten Einstieg für die Suche nach Praktikumsplätzen finden Sie bei einschlägigen Job- und Praktikantenbörsen im Internet. Eine aktuelle Liste von Links zu Praktikumsbörsen finden Sie auch unter tigerbiotec.blogspot.com. Beginnen Sie dort Ihre Suche. Sie werden dabei schnell einen Überblick über das Angebot in Ihrem gewünschten Gebiet erhalten.

Sie sollten unbedingt auch Firmen, die für Sie interessant sein könnten, mit einer Bewerbung direkt ansprechen. Eine solche Initiativbewerbung ist oft in Unternehmen gerne gesehen, da sie ein erstes Zeichen für Ihr Engagement darstellt. Wie Sie selbst aktiv werden können, um passende Firmen zu finden, haben Sie schon in Kapitel 5 kennengelernt (Arbeitspaket 2.2: Identifikation von Mitbewerbern). Ob Sie nun Konkurrenzunternehmen zu TiGer BioTec identifizieren wollen oder aber eine Firma mit einem für Sie persönlich interessanten Produktspektrum suchen, macht für die Vorgehensweise bei der Recherche keinen Unterschied. Verwenden Sie daher die gleichen Suchstrategien, die Sie in Kapitel 5 schon praktiziert haben.

Bevor Sie Kontakt zu einer interessanten Firma aufnehmen, sollten Sie unbedingt noch etwas genauer recherchieren, um sich umfassender über die Firma und ihre Aktivitäten zu informieren. Sie werden spätestens bei einem Bewerbungsgespräch mit der Frage konfrontiert werden, warum Sie sich ausgerechnet dort bewerben. Um dies beantworten zu können, sollten Sie schon etwas genauer wissen, wie groß die Firma ist, welche Produkte sie herstellt etc.

> **Praktikumsaufgabe 8.1:** Identifizieren Sie ein Biotechnologieunternehmen in Ihrem Umfeld. Recherchieren Sie mit der Vorgehensweise, die Sie in Kapitel 5 kennengelernt haben, womit sich die Firma beschäftigt, wie viele Mitarbeiter sie hat, welche weiteren Standorte, welchen Umsatz und zu welcher Unternehmensgruppe die Firma ggf. gehört. Listen Sie die Ergebnisse in geeigneter Weise tabellarisch auf. Identifizieren Sie Aufgabenbereiche, die dort Ihren Interessen entsprechen könnten.

Vergessen Sie nicht, für Ihr Projekt einen Zeitplan mit Arbeitspaketen und Meilensteinen aufzustellen. Wann wollen Sie das Praktikum absolvieren, wie lange kann es dauern? Viele Firmen verlangen von Praktikanten, dass diese ihnen mindestens sechs Monate zu Verfügung stehen. Sie sollten bedenken, dass Firmen eine längerfristige Personalplanung haben. Sie müssen daher davon ausgehen, sich mindestens drei Monate vor Praktikumsbeginn zu bewerben.

Wenn Sie eine geeignete Praktikumsstelle identifiziert haben, gilt es dort mit einer ansprechenden Bewerbung zu überzeugen. Die Bewerbung ist für die Firma Ihre erste „Arbeitsprobe" und gibt Ihren künftigen Vorgesetzten einen Eindruck. Ihre Bewerbung kann aus einer kurzen E-Mail mit angehängtem Lebenslauf (pdf-Format) und Foto[1] bestehen, eine komplette Bewerbung können Sie meist nachreichen. Allerdings ist Ihre E-Mail-Bewerbung oft nur eine unter vielen. Sie sollten daher Ihr Interesse an der Praktikumsstelle dadurch unterstreichen, dass Sie Ihre Motivation unter Beweis stellen, indem Sie direkt bei der Firma anrufen: „Guten Morgen, ich bin xyz aus ABC und möchte bei Ihnen gerne ein Praktikum machen. Ich studiere Biologie und würde gerne den Bereich Qualitätssicherung näher kennenlernen. Gibt es dort bei Ihnen eine Möglichkeit, ein Praktikum zu absolvieren? An wen darf ich mich dort wenden …?" Mit einem Anruf zeigen Sie Engagement und Interesse und heben sich von der Masse der übrigen Bewerber ab.

[1] Nur in Deutschland, im Ausland ist ein Foto unüblich.

Für den Aufbau eines Bewerbungsschreibens gibt es Hinweise in zahlreichen Ratgebern. Verwenden Sie aber nie die Standardfloskeln, die sie in solchen Ratgebern finden, sondern formulieren Sie stets persönlich und individuell. Abschließend möchten wir Ihnen auf der Basis eigener Erfahrung noch einige Tipps für Ihr Bewerbungsschreiben geben:

- Das Bewerbungsschreiben ist eine Arbeitsprobe. Es muss daher stets sorgfältig formuliert und formal korrekt sein.
- Verwenden Sie als persönliche Anrede niemals „Sehr geehrte Damen und Herren", sondern immer „Sehr geehrte Frau xy". Sie können

durch Ihren Anruf in der Firma leicht herausfinden, an wen Sie die Unterlagen zu richten haben.

- Bedenken Sie, was Sie für den Anbieter der Praktikumsstelle interessant machen könnte: Ihr wissenschaftliches Interessengebiet, Ihre Sprachkenntnisse, vorherige Praktika, Auslandserfahrung etc.
- Der Lebenslauf darf heute bis zu zweieinhalb Seiten umfassen. Viele Firmen freuen sich über die angelsächsische Form des Lebenslaufs, bei dem die aktuellen Daten zuerst genannt werden.

Sollten Sie zum Vorstellungsgespräch eingeladen werden, so sind Sie durch Ihre Vorbereitung fachlich bestens präpariert und können persönlich durch Ihre Motivation überzeugen. Nun liegt es an Ihnen, sich der Praxis zu stellen und sich dort zu bewähren. Ob Praktikum oder berufliche Tätigkeit, die Mitarbeit in einem Unternehmen bringt stets neue, zum Teil auch firmenspezifische Erfahrungen und Herausforderungen mit sich. Sie werden aber sehen, dass grundlegende Denkweisen und Abläufe Ihnen schon aus Ihrem ersten Praktikum bei TiGer BioTec vertraut sind.

„Wir wünschen Ihnen daher alles Gute für Ihren weiteren beruflichen Lebensweg. Wir haben Sie stets als hoch motivierten und sachkundigen Praktikanten kennengelernt, der auch vor ungewöhnlichen Aufgaben nicht zurückschreckt. Wir bedauern aufrichtig, Ihnen bei TiGer BioTec keine langfristigen Perspektiven bieten zu können. Wir gehen davon aus, dass Sie in nicht allzu ferner Zeit anderen Praktikanten Ihre Erfahrungen beim Berufseinstieg als Biologe in der Industrie weitergeben können."

Die Firmenleitung　　　Dr. Tilman Achstetter　　　Dr. habil. Gerd Klöck

9. | Arbeitsmaterialien

Aus Ihrem Studium kennen Sie Formulare wahrscheinlich aus dem Kontakt mit der Verwaltung. Sie erschienen Ihnen vermutlich bürokratisch und lästig. Im Berufsleben bilden Formblätter aber eine wichtige Organisationsgrundlage und erleichtern Ihnen häufig Ihre Tätigkeit. Sie strukturieren wiederkehrende Arbeitsabläufe. Sie helfen bei der Dokumentation und gestalten sie übersichtlicher. Checklisten helfen Ihnen im Alltag, auch in Stress und Hektik wichtige Dinge nicht zu vergessen. Im Folgenden haben wir für Sie als Arbeitshilfen zu diesem Buch eine Reihe von Tipps, Checklisten und Formularen bereitgestellt. Weitere Arbeitshilfen finden Sie unter tigerbiotec.blogspot.com.

Verzeichnis der Arbeitsmaterialien:

1. Tipps für die Arbeitsorganisation
2. Tipps für die Kommunikation im Unternehmen
3. Hilfestellung für die Erstellung von Berichten
4. Präsentationen
5. Checkliste Ressourcenplanung
6. Vorlage Balkenplan
7. Vorlage Recherche-Protokoll
8. Formblatt Auswertung Recherche
9. Formblatt Kostenschätzung
10. Formblatt Arbeitsstundenerfassung
11. Titelblatt Qualitätsmanagementhandbuch
12. Formblatt Eingang Biologisches Material
13. Formblatt Eingang Chemikalien
14. Sicherheitsdatenblatt
15. Beispiel SOP „Laborbuch-Laborjournal"
16. Beispiel SOP „Herstellung von LB-Medium"

9.1 Tipps für die Arbeitsorganisation

Projektarbeit erfordert oft die Erledigung vieler kleiner Teilaufgaben gleichzeitig: Termine müssen geplant werden, es gibt Besprechungen, Rechercheaufgaben, Telefonate usw. Gerade der Berufsanfänger droht hier manchmal im Dickicht der vielen Teilaufgaben den Wald vor lauter Bäumen nicht mehr zu sehen. Hier ein paar organisatorische Tipps für die Praxis:

- Alle Planungen schriftlich festhalten.
- Setzen Sie sich Ziele für den Arbeitstag/die Arbeitswoche.
- Planen Sie abends für den nächsten Tag.
- Sammeln Sie Ideen schriftlich.
- Erledigen Sie schwierige Aufgaben stets zuerst.
- Nehmen Sie Schriftstücke (E-Mails) nur einmal in die Hand und erledigen Sie die entsprechende Aufgabe dann auch.
- Setzen Sie Prioritäten → Wichtiges zuerst.
- Legen Sie gleichartige Aufgaben zusammen (von 8:00 Uhr bis 9:00 Uhr Post beantworten usw.).
- Keine unnötigen Terminverschiebungen.

9.2 Tipps für die Kommunikation im Unternehmen

Bei Ihrer Arbeit im Unternehmen werden Sie ständig mit Vorgesetzten, Kollegen, anderen Firmen und Kunden kommunizieren. Informationen werden laufend ausgetauscht und abgeglichen. Es ist im Berufsalltag eine der wichtigsten Aufgaben, diese Informationen zu dokumentieren, zu bewerten und gegebenenfalls zu reagieren. Hier einige Grundregeln hierzu, die Sie sich zu eigen machen sollten:

- Fertigen Sie von relevanten persönlichen Gesprächen und Telefonaten schriftliche Gesprächsnotizen an: Datum, Zeit, Gesprächspartner, Thema, Stichworte zum Inhalt. Archivieren Sie diese in einem separaten Ordner chronologisch geordnet.
- Archivieren Sie ebenfalls relevante E-Mails in ausgedruckter Form.
- Dokumentieren Sie Ihre Tätigkeiten in der Art und Weise, wie Sie dies für Ihre wissenschaftliche Arbeit kennengelernt haben.

Noch ein Wort zum Kommunikationsstil:

- Vorsicht mit dem „Du", die Anrede ist oft auch unter langjährigen Kollegen das „Sie".
- Bei E-Mails die Form beachten. In der Regel gibt es für die Firmen-E-Mails eine Vorlage, da alle offiziellen Firmenschreiben bestimmte Informationen über die Firma (z. B. Geschäftsführung, Steuernummer) enthalten müssen! Als Anrede genügt oft ein „Guten Tag", „Hallo" wäre dagegen nicht angebracht. Achten Sie auch in eiligen E-Mails auf Satzbau und Rechtschreibung, diese müssen stets korrekt sein.

9.3 Hilfestellung für die Erstellung von Berichten

Berichte sind die wesentliche Kommunikationsform fachlicher Sachverhalte in Unternehmen. Langfristig hat in einer Firma nur Wert, was schriftlich zusammengefasst und bewertet wurde. Im Folgenden ist eine bewährte Gliederung eines Berichts aufgeführt:

* Aufgabenstellung (Thema, Anlass, Zielstellung, ggf. Vertragspartner)
* Stand der Technik
* Lösungsmöglichkeiten/Varianten
* Bewertung/Auswahl von Varianten
* Entwurfsvorschlag
* Zusammenfassung/Empfehlungen
* Literatur
* Verzeichnis der Abkürzungen, Abbildungen, Tabellen, Anlagen

Denken Sie stets daran, dass die Firmenleitung Sie beauftragt hat, ein bestimmtes Problem zu lösen. Es geht in Ihren Berichten daher präzise um diesen Aspekt, nicht um Grundlagenforschung und auch nicht um unnötige Ausweitung der Darstellung auf andere Probleme.

9.4 Präsentationen

Sie haben in Ihrem Studium sicher eine Reihe von Vorträgen unterstützt durch Powerpoint-Präsentationen gehalten. Hier ging es wahrscheinlich oft um ein umgrenztes fachliches Thema. Die Projektarbeit ist, wie Sie gesehen haben, vielschichtiger. Der Berufsanfänger neigt erfahrungsgemäß zur „Überfrachtung" der Präsentation. Hier ein paar einfache Grundregeln für die Foliengestaltung:

- nur ein Sachverhalt pro Folie
- kurze Sätze
- etwa 5–8 Zeilen pro Folie, mit maximal etwa 8–10 Worten
- Zahlen möglichst runden, maximal 20–30 Zahlen pro Folie
- Schriftgröße: 20–25 Punkte, Überschriften: mindestens 30 Punkte
- Kontrast prüfen (rot ist beispielsweise auf weißem Untergrund nicht gut sichtbar)
- maximal eine Folie pro Minute Ihres Vortrags

9.5 Checkliste Ressourcenplanung

- Zeitbedarf (in Arbeitsstunden) der Arbeitspakete schätzen
- Zeitbedarf interne Kommunikation (Meetings)
- Zeitbedarf Berichterstellung
- Investitionen
- Sachkosten
- Literatur und Patente
- Reisekosten
- externe Unteraufträge wie z. B. Gutachten
- Puffer einplanen (Unvorhergesehenes, Krankheit)

9.6 Vorlage Projektablaufplan/Balkenplan

		KW	KW	KW	KW	KW	KW	KW	KW	KW	KW	KW
1	Phase 1											
1.1	Arbeitspaket											
1.2	Arbeitspaket											

9.7 Vorlage Recherche-Protokoll

<table>
<tr><td rowspan="2">Tiger Biotec</td><td>Ergebnisprotokoll
Recherche</td></tr>
<tr><td></td></tr>
<tr><td>Autor:</td><td></td></tr>
<tr><td>Quelle: Internet,
Patente, Fachbuch,
eigene Versuche,
Produktanalyse

Datum:</td><td>Praktikumsaufgabe Nr.:</td></tr>
</table>

Fragestellung (vollständige Sätze):

Methode (Suchmaschine, (Such-)Sprache, Testkäufe, Konsumentenbefragungen, usw.):

Resultate (Anzahl der Treffer, genauere Betrachtung der Einträge, Ergebnisse der Produkttests):

Schlussfolgerungen (falscher Suchbegriff, zu viele/zu wenige Treffer, Eigenschaften des getesteten Produkts in Bezug auf die Entwicklung usw.):

Datum:	Gesehen (Leiter):
Unterschrift:	

9.8 Formblatt Auswertung Recherche

Auswertung				
Seite 1 von **Datum:** **Praktikumsaufgabe Nr.:**				

9.9 Formblatt Kostenschätzung

	Kostenschätzung	
Personalkosten	Pauschal pro Mitarbeiter € .... pro Jahr	€
Sachkosten (Material, Rohstoffe etc.)	Rohstoffe, Chemikalien	€
	Kosten für Analysen	€
	Kosten für Verpackung	€
	ggf. weitere Positionen ergänzen	€
Investitionen	Abschreibung (Investitionskosten, verteilt auf .... Monate)	€
Nebenkosten	Aufschlag (pauschal) von ....% auf die Personalkosten (Geschäftsführung, Buchhaltung etc. müssen „mitfinanziert" werden)	€
Summe		€

9.10 Arbeitsstundenerfassung

<table>
<tr><td rowspan="2">Tiger BioTec

Seite 1 von
Zeitraum von
bis</td><td colspan="6">Formular Arbeitszeiterfassung (wöchentlich)</td></tr>
<tr><td colspan="6">Name : Praktikant   Unterschrift:</td></tr>
<tr><td>Projekt /
Arbeitspaket</td><td>Montag</td><td>Dienstag</td><td>Mittwoch</td><td>Donnerstag</td><td>Freitag</td><td>Wochenende</td></tr>
<tr><td>1 Produktidee</td><td>2</td><td>2</td><td>6</td><td>6</td><td></td><td></td></tr>
<tr><td>2 Marktanalyse</td><td></td><td></td><td></td><td></td><td>4</td><td></td></tr>
<tr><td>3 Literatur
Patente</td><td></td><td></td><td></td><td>2</td><td></td><td></td></tr>
<tr><td>4 Rechtlicher
Rahmen</td><td>1</td><td>2</td><td>2</td><td></td><td>3</td><td></td></tr>
<tr><td>5 Entwurf</td><td>4</td><td>3</td><td></td><td></td><td></td><td></td></tr>
<tr><td>ohne Projekt</td><td>1</td><td>1</td><td></td><td></td><td></td><td></td></tr>
<tr><td>Summe</td><td>8</td><td>8</td><td>8</td><td>8</td><td>7</td><td></td></tr>
</table>

9.11 Titelblatt Qualitätsmanagement-handbuch

<table>
<tr><td colspan="2">QM – Handbuch TiGer BioTec</td></tr>
<tr><td>Seite: 1 von
Gültig ab: 04.07.2008
Revision:</td><td>Abteilung Forschung und Entwicklung</td></tr>
</table>

INHALT

Seite

ANHANG:

- SOP 1-03: Dokumentation und Archivierung von Daten und Informationen
- SOP 1-02: Führen eines Laborjournals
- SOP 1-01: Erstellung und Handhabung von Standardarbeitsanweisungen (SOPs)
- SOP 1-07: Sicheres Verhalten und Arbeiten in einem biologischen Labor
- GUV-VA 1: Unfallverhütungsvorschrift - Grundsätze der Prävention, 2004
- GUV-R 120: GUV-Regel Laboratorien, 1998
- GUV-I 8553: Sicheres Arbeiten in chemischen Laboratorien, 2006
- GUV 19-17: Regeln für Sicherheit und Gesundheitsschutz beim Umgang mit Gefahrstoffen im Hochschulbereich, 1998
- GUV-SR 2004: Anhang 1 zur GUV-Regel Umgang mit Gefahrstoffen im Unterricht, Gefahrstoffliste, 2002
- Brandschutzverordnung
- Entsorgungsnachweis

	erstellt:	geprüft:	freigegeben:
Abteilung			
Name			
Datum			
Unterschrift			

9.12 Formblatt Eingang Biologisches Material

<table>
<tr><td rowspan="2">TierBiotec</td><td>Formblatt</td></tr>
<tr><td>Eingang Biologisches Material</td></tr>
<tr><td>Seite 1 von 1</td><td></td></tr>
</table>

Bezeichnung	
Eingangsdatum	
Hersteller Telefon, Telefax, E-Mail	
Lieferant Telefon, Telefax, E-Mail	
Bestellnummer	
Bestellt für	
Preis (in €)	
Lieferumfang (Stückanzahl oder vergleichbare Angabe)	
Volumen bzw. Masse je Stück	
Charge	
Aggregatzustand	
Lagerhinweis	
Verwendbar bis	
Entsorgungshinweis	
Lagerort	
Sonstiges	

Ausgefüllt von:

Datum, Unterschrift

9.13 Formblatt Eingang Chemikalien (Seiten 1 und 2)

<table>
<tr><td rowspan="2">Tiér Biotec</td><td>Formblatt</td></tr>
<tr><td>Seite 1 von 2</td></tr>
</table>

Chemikalienname	
Trivialname	
Eingangsdatum	
Hersteller Telefon, Telefax, E-Mail	
Lieferant Telefon, Telefax, E-Mail	
Bestellnummer	
Bestellt für	
Preis (in €)	
Lieferumfang (Stückanzahl oder vergleichbare Angabe)	
Volumen bzw. Masse je Stück	
Charge	
CAS-Nummer	
Qualität	
Konzentration	
Aggregatzustand	
Gefahrenbezeichnung	
R-Sätze	
S-Sätze	
VbF-Klasse	
WGK	
MAK	
Lagerhinweis	
Verwendbar bis	
Entsorgungshinweis	
Lagerort	

	Formblatt
Seite 2 von 2	**Eingang Chemikalien**

Sicherheitsvorkehrungen	
Verwendungszweck	
Sonstiges	

Ausgefüllt von:

Datum, Unterschrift

9.14 Sicherheitsdatenblatt

<table>
<tr><td rowspan="2">Tier BioTec</td><td colspan="4">Sicherheitsdatenblatt</td></tr>
<tr><td>Seite 1 von</td><td colspan="3">Chemikalie:</td></tr>
<tr><td></td><td>Erstellt:</td><td>Geprüft:</td><td>Freigegeben:</td></tr>
<tr><td>Abteilung</td><td></td><td></td><td></td></tr>
<tr><td>Name</td><td></td><td></td><td></td></tr>
<tr><td>Datum</td><td></td><td></td><td></td></tr>
<tr><td>Unterschrift</td><td></td><td></td><td></td></tr>
</table>

Gefahrstoffbezeichnung

		ggf. Strukturformel*
Chemikalienname:		
Trivialname:		
Molekulargewicht:		
Aggregatzustand:		
Löslich in:		
Aussehen, Farbe, Geruch:		

WGK: ....   MAK-Wert: ....ml/ m^3 .... mg/ m^3

Bemerkungen:

Gefahren für Mensch und Umwelt (R-Sätze und Besonderes)

Gefahrensymbol

Schutzmaßnahmen und Verhaltensregeln (S-Sätze und Besonderes)

Verhalten im Gefahrfall und Erste-Hilfe-Maßnahmen

Handhabung und Lagerung

Sachgerechte Entsorgung

Sonstiges

* auf beigefügtem Blatt

9.15 Beispiel SOP „Laborbuch-Laborjournal" (Seiten 1–3)

<table>
<tr><td rowspan="2">Tiger Böec</td><td colspan="3">Standardarbeitsanweisung

SOP   1 – 02</td></tr>
<tr></tr>
<tr><td>Seite: 1 von 3
Gültig ab:
Revision:</td><td colspan="3">Führen eines Laborjournals</td></tr>
</table>

Exemplar-Nummer: ☐

☐   Arbeitsexemplar --- Unterliegt dem Änderungsdienst

☐   Informationsexemplar --- Unterliegt nicht dem Änderungsdienst

INHALT

Seite

1   ZWECK 2
2   GELTUNGSBEREICH 2
3   BEGRIFFE/ ABKÜRZUNGEN 2
4   VERANTWORTLICHKEITEN 2
5   BESCHREIBUNG 2
6   MITGELTENDE UNTERLAGEN 3
7   ANLAGEN ....

	erstellt:	geprüft:	freigegeben:
Abteilung			
Name			
Datum			
Unterschrift			

<table>
<tr><td rowspan="2"></td><td>Standardarbeitsanweisung

SOP　　1 – 02</td></tr>
<tr><td>Seite:　　2 von 3
Gültig ab:
Revision:

Führen eines Laborjournals</td></tr>
</table>

1　Zweck

Diese SOP regelt das ordnungsgemäße Führen eines Laborjournals. Sie stellt sicher, dass sämtliche experimentell gewonnenen Rohdaten erfasst und dokumentiert werden und jederzeit verfügbar sind.

Mithilfe der in dem Laborjournal aufgeführten Daten soll die Wiederholbarkeit und Reproduzierbarkeit eines Protokolls bzw. Experimentes gewährleistet sein. Im Laborjournal werden somit Experimente geplant und Daten detailliert dokumentiert.

2　Geltungsbereich

Alle Bereiche der Firma TiGer BioTec.

3　'Begriffe/Abkürzungen

- keine -

4　Verantwortlichkeiten

Für die Einträge und Aufzeichnungen ist die das Experiment ausführende Person zuständig.

Die wöchentliche Kontrolle der Laborjournale unterliegt dem Laborleiter/Projektleiter. Labourjournale, die nicht mehr für Aufzeichnungen oder zur Auswertung benötigt werden, zum Beispiel nach Beendigung eines Projekts oder Weggang des Mitarbeiters, werden von den Mitarbeitern des Qualitätsmanagements archiviert.

5　Beschreibung

Eine gebundene Kladde mit stabilem Umschlag dient als Laborjournal. Die Seiten werden nummeriert, diese Nummerierung ermöglicht so das Führen eines Inhaltsverzeichnisses. Die Angabe von Seitenzahlen erlaubt zudem einen eindeutigen Verweis auf bereits vorhandene Aufzeichnungen.

Handschriftliche Einträge werden unverzüglich, unmittelbar, genau und in leserlicher Form mit einem dokumentenechten Schreibgerät (Kugelschreiber, Füller) vorgenommen. Schmierzettel oder sonstige lose Datenblätter sind zu vermeiden.

Korrekturen sind so vorzunehmen, dass der ursprüngliche Text weiterhin lesbar bleibt, d. h. jener wird nur einmal durchgestrichen. Sofern nicht anders vermerkt (mit Unterschrift des Mitarbeiters und Angabe des Datums), wurde die Änderung am gleichen Tag vorgenommen.

<table>
<tr><td rowspan="2"></td><td colspan="2">Standardarbeitsanweisung

SOP   1 – 02</td></tr>
<tr><td>Seite: 3 von 3
Gültig ab:
Revision:</td><td>**Führen eines Laborjournals**</td></tr>
</table>

Folgende Informationen sind zu protokollieren:

- Datum (Tag/Monat/Jahr);
- Titel des Experimentes; im Falle eines mehrtägigen Experimentes zusätzlich Versuchsziel des jeweiligen Tages;
- ausführende Person(en);
- Chemikalien und/oder biologisches Material (Bezeichnung, Hersteller, Chargennummer, Verwendbarkeits-Datum, Lagerbedingungen);
- im Falle einer Probennahme: Art der Probe, Ort und Datum der Probennahme, ggf. besondere Eigenschaften bzgl. Handhabung und/oder Lagerung;
- im Falle eines selbst hergestellten Reagenzes: Inhaltsstoffe, Einwaagen jener und ggf. Herstellungsmethode bzw. Verweis auf jene;
- Geräte (Bezeichnung, Hersteller, Typ);
- Methode, auf der das Experiment basiert (Titel, Literaturquelle);
- tatsächliche experimentelle Durchführung inkl. (Zwischen-)Rechnungen;
- (Teil-)Ergebnisse; zu protokollieren sind sowohl positive als auch negative Ergebnisse, inkl. Rechnungen, Schlussfolgerungen und ggf. vorhandener Ausdrucke, Geräteprotokolle und Fotografien;
- Notizen bzgl. folgender Experimente und/oder noch zu erledigender Dinge.

Ausdrucke, Geräteprotokolle und Fotografien, die Ergebnisse eines Experimentes darstellen, sind an entsprechender Stelle in das Laborjournal einzukleben. Eine kurze Beschreibung des Dargestellten (z. B. Achsenbeschriftung, Angabe der Einheiten, tatsächliche Versuchsbedingungen, verwendetes Gerät, durchführende Person) ist für später erfolgende Auswertungszwecke hilfreich.

Elektronischen Dokumenten bzw. Dateien, die experimentelle Ergebnisse dokumentieren, wird ein eindeutiger und stichhaltiger Name gegeben (Titel des Experimentes, Datum der Datengewinnung). Dieser ist in das Laborjournal einzutragen.

Die Dokumente bzw. Dateien werden auf dem Computer so gespeichert, dass sie jederzeit und unverzüglich verfügbar sind. Sicherheitskopien jener Dokumente bzw. Dateien sind regelmäßig (mindestens alle 7 Tage) zu erstellen.

Laborjournale werden wöchentlich von dem Laborleiter/Projektleiter geprüft.

6   Mitgeltende Unterlagen/Anlagen

- keine -

9.16 Beispiel SOP „Herstellung von LB-Medium" (Seiten 1–3)

<table>
<tr>
<td rowspan="2">Über BioTec</td>
<td colspan="2">Standardarbeitsanweisung

SOP   1 – 04</td>
</tr>
<tr>
<td>Seite: 1 von 3
Gültig ab:
Revision:</td>
<td>Herstellung von Liquid Broth – Flüssigmedium</td>
</tr>
</table>

Exemplar-Nummer: ☐

☐   Arbeitsexemplar --- Unterliegt dem Änderungsdienst

☐   Informationsexemplar --- Unterliegt nicht dem Änderungsdienst

INHALT

Seite

SOP_1-04.doc	erstellt:	geprüft:	freigegeben:
Abteilung			
Name			
Datum			
Unterschrift			

<table>
<tr><td rowspan="2">

Tiger BioTec

</td><td>

Standardarbeitsanweisung

SOP　　　1 – 04

</td></tr>
<tr><td>

Herstellung von Liquid Broth – Flüssigmedium

</td></tr>
<tr><td>

Seite:　　　2 von 3
Gültig ab:
Revision:

</td><td></td></tr>
</table>

1　Zweck

LB-Flüssigmedium wird vorwiegend als Wachstumsmedium für Mikroorganismen verwendet. Da es sich bei LB um ein flüssiges Medium handelt, ist eine Durchmischung und somit eine homogene Verteilung der Organismen im Medium möglich. Daher wird es häufig zur Bakterienanzucht, z. B. in Form einer Übernachtkultur eingesetzt.

Diese SOP beschreibt das Herstellen des LB-Flüssigmediums zur allgemeinen Labor-anwendung.

2　Geltungsbereich

Alle Laboratorien der Firma TiGer BioTec.

3　Begriffe/Abkürzungen

LB　　　　=　　Liquid Broth
NaCl　　　=　　Natriumchlorid
NaOH　　=　　Natriumhydroxyd (Natriumlauge)

4　Verantwortlichkeiten

Für die Qualität und Lagerung des LB-Flüssigmediums ist die Person, die den Herstellungsprozess durchführt, verantwortlich. Dies kann jede fachkundige Person sein.

5　Beschreibung

Die nachfolgend angegebenen Mengen gelten für ein Endvolumen von 1 l flüssigem LB-Medium.

5.1.　Geräte

Zum Ansetzen des Mediums wird eine Glasflasche mit Schraubverschluss und einem Fassungsvermögen von 1 l benötigt. Zum Einwiegen der Chemikalien wird eine geeichte Analysenwaage verwendet. Alle Chemikalien werden mit einem mit demin. Wasser abgespülten Spatel in ein Einwegplastikschälchen überführt. Als Rührmittel wird ein kunststoffummantelter Rührfisch mit einer Gesamtlänge von 2 – 3 cm Länge eingesetzt. Zusätzlich wird ein Magnetrührer benötigt. Bei der gesamten Prozedur werden Gummihandschuhe getragen.

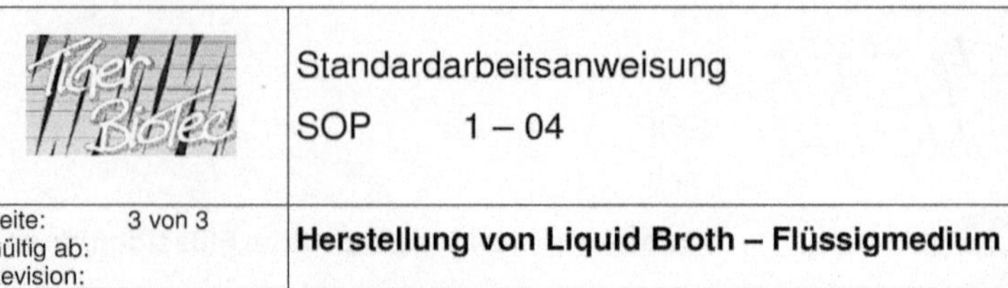

	Standardarbeitsanweisung SOP 1 – 04
Seite: 3 von 3 Gültig ab: Revision:	**Herstellung von Liquid Broth – Flüssigmedium**

Zum Autoklavieren wird ein Autoklav mit einem Mindestvolumen von 2 l benutzt.

5.2.   Reagenzien

Bacto-Tryptone	10 g
Bacto-Hefeextrakt	5 g
NaCl	10 g
NaOH, 10 M in $H_2O_{demin.}$	~200 µl
demin. H_2O	ad 1000 ml

5.3.   Durchführung der Mediumansetzung

a)   Rührfisch in eine 1 l-Flasche legen.

b)   Die 1 l-Flasche mit 900 ml $H_2O_{demin.}$ aus dem Wasserhahn auffüllen, auf einen Magnetrührer stellen und diesen einschalten. Die Rührgeschwindigkeit so einstellen, dass der Rührfisch sich gleichmäßig in der Mitte der Flasche dreht, wobei ein sichtbarer Sog erzeugt wird.

c)   Folgende Reagenzien einzeln abwiegen und in folgender Reihenfolge in die 1 l-Flasche geben:

     10 g Bacto-Tryptone
     5 g Bacto-Hefeextrakt
     10 g NaCl.

d)   Flasche solange auf dem eingeschalteten Rührer stehen lassen, bis sich die Reagenzien gelöst haben.

e)   Den pH-Wert mit 10 M NaOH auf 7 einstellen (~200 µl).

f)   Das Volumen der Flasche auf 1 l mit $H_2O_{demin.}$ auffüllen.

g)   Medium fachgerecht autoklavieren.

h)   Medium bei Raumtemperatur bis zum Zeitpunkt der Verwendung lagern.

5.4.   Fehlerquellen

Fehlerquelle	Mögliche Maßnahmen
Reagenzien lösen sich nicht oder nur langsam.	Rührgeschwindigkeit am Magnetrührer geringfügig erhöhen.
Nach dem Autoklaviervorgang sind Ausfällungen vorhanden.	pH-Wert messen und ggf. auf pH = 7 korrigieren, ggf. Medium neu ansetzen.

6   Mitgeltende Unterlagen

- keine -

7   Anlagen

- keine -

10. | Glossar

Amylase → Enzym, spaltet → Amylose.

Amylose Polymer der Glucose (Verknüpfung α-1,4).

Betriebsanweisung Firmeninternes und firmenspezifisches Dokument, das auf die Gefährdung hinweist, welche von einer Chemikalie (oder einer Maschine) ausgehen kann und Hinweise für den sicheren Umgang sowie Verhaltensregeln für den Schadensfall enthält.

Cellulase → Enzym, spaltet Cellulose.

Cellulose Polymer der Glucose (Verknüpfung ß-1,4).

Controlling Eine wesentliche Aufgabe des Projektmanagers ist es, die Kostenplanung mit den tatsächlich anfallenden Kosten abzugleichen und entsprechend zu reagieren (Controlling). Um beispielsweise die Effizienz des Personaleinsatzes ermitteln zu können, werden in Unternehmen die abgeleisteten Arbeitsstunden jeweils soweit möglich bestimmten Aufgaben oder Projekten zugerechnet. Ein Projektmitarbeiter wird hierzu täglich notieren, wie viel Zeit er mit der eigentlichen Projektaufgabe beschäftigt war (Recherche, Berichte, Versuche etc.) und wie viel Zeit für andere Aufgaben in Anspruch genommen wurde. Ein Beispiel hierfür finden Sie unter den Arbeitsmaterialien (Kapitel 9).

Enzyme Enzyme sind als so genannte Biokatalysatoren in der Industrie von großem Interesse, da sie im Gegensatz zu „chemischen" Katalysatoren bei normalem Druck und bei Temperaturen unter 100 °C wirksam sind. Wenn in Prozessen Enzyme als Katalysatoren eingesetzt werden können, ermöglicht dies, Verfahren unter schonenden Bedingungen und unter geringerem Energieverbrauch durchzuführen (Beispiel: Enzymhaltige Waschmittel lösen Verschmutzungen der Wäsche schon bei niedrigen Temperaturen, ein Kochen der Wäsche ist oft nicht mehr erforderlich). Sie sind als Biokatalysatoren in lebenden Zellen die „Motoren" des Stoffwechsels. Ihrer chemischen Struktur nach sind Enzyme meist Eiweiße, d. h. Polymere von Aminosäuren. Ihre Funktion können sie nur erfüllen, solange die Polymerstruktur intakt ist und insbesondere eine korrekte dreidimensionale Faltung der Aminosäurekette gewährleistet ist. Diese Struktur kann durch viele Faktoren wie zu hohe Temperatur, Austrocknung, extreme pH-Werte, UV-Licht etc. zerstört werden. Dabei geht dann die Enzymaktivität verloren. Die Entwicklung von industriellen Anwendungen für Enzyme erfordert daher viel Erfahrung. Entsprechende Entwicklungen werden daher in der Regel durch spezialisierte Unternehmen durchgeführt.

Ester Verbindung aus organischer Säuregruppe und Alkohol unter Wasserabspaltung.

Gerätequalifizierung → Qualifizierung.

GMP/GLP *Good Manufacturing Practice/Good Laboratory Practice*: Richtlinien zur Qualitätssicherung in der Life-Science-Branche, vor allem in der pharmazeutischen Industrie. Die GMP-Richtlinien werden regelmäßig von internationalen Behörden (z. B. amerikanische *Food and Drug Administration*, FDA) aktualisiert. Informationen dazu finden Sie z. B. unter www.fda.gov.

Good Manufacturing Practice → **GMP/GLP.**

Kostenarten In der Praxis wird zwischen Personalkosten, Sachkosten und so genannten Nebenkosten unterschieden. Personalkosten umfassen die Kosten für die Projektmitarbeiter. Unter Sachkosten fallen beispielsweise Kosten für Verbrauchsmaterial wie Papier, Chemikalien oder Reagenzien, aber auch Reisekosten, Beratungskosten, Software usw. Die so genannten Nebenkosten berücksichtigen alle Kosten, die nicht direkt dem Projekt zugeordnet werden können, wie z. B. die Personalverwaltung, die Buchhaltung etc.

Kostenrechnung Die Kostenrechnung ist ein eigenes, umfangreiches Kapitel der Betriebswirtschaftslehre. Daher soll an dieser Stelle nur eine Art Faustregel für eine Kostenabschätzung gegeben werden. Tragen Sie dazu in einer Tabelle bezogen auf z. B. einen Monat die folgenden Positionen ein: Personalkosten (Arbeitsstunden), Sachkosten (Material, Rohstoffe etc.), Investitionen (Kosten werden gleichmäßig auf einen bestimmten Zeitraum, die so genannte Abschreibefrist, z. B. acht Jahre entsprechend 96 Monate, verteilt) und Nebenkosten (so genannte *overheads*; Kosten, die nicht direkt dem Projekt oder der Produktion zugeschrieben werden können, wie Geschäftsführung, Sekretariat usw.). Die Nebenkosten bezieht man meist auf die Personalkosten (was muss pro geleisteter Arbeitsstunde zusätzlich erwirtschaftet werden?). Ein Beispiel für eine Kostenschätzung finden Sie unter Arbeitsmaterialien (Kapitel 9).

Kostenschätzung → Kostenrechnung.

Life Science Steht für die gesamte Breite aller forschenden wie wirtschaftlichen Aktivitäten, die sich mit lebenden Organismen oder Biomolekülen im weitesten Sinne befassen, beispielsweise die Biotechnologie, die molekulare Diagnostik, die Biomedizin, die Lebensmitteltechnologie, der Bereich Agro- und Biochemikalien u. v. a.

Lizenz Ist die Prüfung eines Patents durch ein Patentamt erfolgreich abgelaufen, wird ein Patent erteilt. Nun darf allein der Besitzer des Patents die beschriebene Erfindung wirtschaftlich nutzen. Wenn jemand anderes daran Interesse zeigt, kann der Besitzer sein Patent entweder verkaufen oder aber zeitlich, inhaltlich und lokal beschränkte Nutzungsrechte (so genannte Lizenzen) vergeben.

Machbarkeitsstudie Zu Beginn einer Produktentwicklung wird oft eine Machbarkeitsstudie (heute auch Projektstudie genannt) erstellt. Sie soll die folgenden Fragen beantworten: 1. Anforderungskatalog: Wozu ist das Produkt da? 2. Lastenheft: Was soll das Produkt leisten? 3. Stand der Technik: Wie könnte es aussehen? 4. Eigene Entwicklungen: Wie wird es vermutlich aussehen? 5. Tests: Tut es das, was es soll?

Marketing Umfasst die Analyse, Planung, Umsetzung und Kontrolle aller marktrelevanten Aktivitäten einer Firma.

Markt Der Begriff des Marktes bezeichnet, wie und wo Angebot und Nachfrage für ein Produkt aufeinandertreffen. Für ein neues Produkt muss stets genau überlegt werden, wie dies am besten gewährleistet werden kann, schließlich sollen Kunden und Produkt möglichst leicht zueinanderfinden. In diesem Zusammenhang sind Faktoren wie die mögliche Nachfrage, das potenzielle Kundenprofil, darauf ausgerichtete geeignete Vertriebswege sowie die Konkurrenzsituation zu analysieren.

Marktstudie Untersuchungen zum Markt für Produkte, die in Unternehmen die Grundlage für viele unternehmerische Entscheidungen bilden. Marktstudien können im Unternehmen selbst erstellt werden, werden darüber hinaus aber auch von spezialisierten Dienstleistern angeboten. In einer Marktstudie wird das angestrebte Marktsegment beschrieben, einschließlich sozioökonomischer Aspekte wie Alters- und Einkommensstrukturen des möglichen Kundenkreises. Die Analyse umfasst weiterhin Aspekte der Kaufentscheidungen der Zielgruppe (z. B. ökologisch oder technikorientiert), die Konkurrenzsituation, die Größe des Marktes (wie viele potenzielle Kunden in welcher Region) sowie absehbare wirtschaftliche wie politische Trends.

Meilensteine In der Projektorganisation beschreibt ein Meilenstein, zu welchem Zeitpunkt ein bestimmtes, genau beschriebenes Zwischenergebnis erreicht sein muss. Auf der Basis der vorliegenden (oder nicht vorliegenden) Resultate wird an einem Meilenstein dann entschieden, wie es weitergehen soll. Oft werden in der Praxis Projekte wegen nicht erreichter Meilenstein-Ziele abgebrochen.

Methodenvalidierung → Validierung.

Mindestumsatz Wenn Sie ein Produkt herstellen oder vertreiben, so müssen Sie davon mindestens so viel verkaufen, dass Sie vom Erlös das für die Herstellung notwendige Minimum an Mitarbeitern und Infrastruktur (Büro etc.) tragen können. Ein Beispiel: Sie wollen ein Enzym verkaufen und benötigen zur Herstellung mindestens eine Person. Der Erlös aus dem Verkauf des Enzyms muss dann mindestens das Gehalt des Mitarbeiters decken. Aus dem Mindestumsatz ergibt sich die Untergrenze der benötigten Produktionskapazität.

Patent　Ein Patent gewährt Ihnen den Rechtsschutz für eine Erfindung, die Sie gemacht haben. In einer Patentschrift, die Sie bei einem Patentamt einreichen und die dort rechtlich wie auch inhaltlich geprüft wird, stellen Sie in formalisierter Weise zunächst das Problem dar, das es zu lösen gilt, und wie sich hier der Stand der Technik darstellt. Dann folgt die ausführliche Beschreibung Ihrer Erfindung, einschließlich einiger Ausführungsbeispiele. Schließlich formulieren Sie Ansprüche, so genannte *claims*. In diesen wird präzise formuliert, auf was sich der Patentschutz beziehen soll.

Patentverletzung　Nutzen Sie wissentlich oder unwissentlich fremde Patentrechte für wirtschaftliche Zwecke, so kann der rechtmäßige Inhaber des Patents Ihnen diese Tätigkeit entweder untersagen, oder aber angemessenen Schadensersatz bzw. Lizenzgebühren einfordern. Dieser Fall ist in der Life-Science-Branche recht häufig, wie Sie am Beispiel der PCR-Technologie leicht recherchieren können. Suchen Sie dazu im Internet nach den Begriffen [PCR] und [Patentstreit].

Polyacrylat　Ein → Polymer, aufgebaut aus → Estern der Acrylsäure (2-Propensäure).

Polyester → Polymere, in welchen die Monomere über Esterbindungen miteinander verknüpft sind.

Polymer　Aus identischen chemischen Grundbausteinen aufgebautes großes Molekül.

Praktikumsbörsen　Hier einige Links: www.vbio.de, www.biotechnologie.de, www.karriere.de, www.jobvector.de, www.monster.de, www.zeit.de, www.unicum.de, www.jobpilot.de, www.praktikums-boerse.de, www.praktika.de.

Produktideen　Produktideen stammen aus verschiedensten Quellen. Wichtig ist es daher, Ideen frühzeitig zu sammeln, zu bewerten und deren Erfolgsaussichten abzuschätzen. Auslöser für neue Entwicklungen sind beispielsweise Literaturzitate, Presseberichte, Kundenbefragungen (Fragebögen, Routinebesuche, Messegespräche), Messe- und Tagungsinformationen, Umsatzentwicklungen, eigene Ideen aus der Belegschaft, nationale/internationale regulatorische Anforderungen (EU-Direktiven) oder umweltrelevante Aspekte (CO_2-Problematik, Nachhaltigkeit).

Produktkennzeichnung　Die EU-Verordnung 178/2002 ist nur eine unter zahlreichen nationalen und internationalen rechtlichen Vorgaben, die bei der Herstellung und beim „In-den-Verkehr-bringen" von Produkten berücksichtigt werden müssen. Jedes Produkt ist von einer Vielzahl von Regelungen betroffen, die oft nur den Spezialisten in den Unternehmen bzw. in der Verwaltung bekannt sind. Fragen Sie also zunächst erfahrene Kollegen. In „Notfällen" kann Ihnen oft auch die Industrie- und Handelskammer weiterhelfen.

Produktorientierte Recherche Die produktorientierte Recherche im Unternehmen berücksichtigt vor allem das Know-how, das in den Köpfen von erfahrenen Kollegen, Außen- und Kundendienstmitarbeitern, Kunden und Wissenschaftlern steckt. Recherchieren Sie in den Abschlussberichten früherer Projekte unserer Firma, die sich mit ähnlichen Fragestellungen beschäftigt haben. Befragen Sie kompetente Kollegen und Fachleute wie Wissenschafter, besuchen Sie dazu auch Kongresse und Tagungen. Zur fachlichen Orientierung greifen Sie zum Lehrbuch (neueste Auflage), technischen Handbüchern und insbesondere zu Patentschriften. Ergänzen können Sie Ihre Recherche dann in Fachzeitungen, Branchenzeitschriften, „Applikationsberichten" von anderen Herstellern usw. Berücksichtigen Sie auch, dass dieses Quellenstudium Zeit, Arbeit und Geld kostet und setzen Sie sich daher zu Beginn klare Ziele und Zeitvorgaben. Man kann sich auch „zu Tode" informieren.

Projekt Ein Projekt beschreibt eine isolierte Fragestellung, die für eine begrenzte Zeit zur Erreichung eindeutig definierter, quantifizierbarer Ziele bearbeitet wird. Es wird in der Regel in Arbeitspakete (Unteraufgaben) strukturiert, die nach einem vorgegebenen Zeit- und Kostenplan abgearbeitet werden.

Projektablaufplan „Terminkalender" des Projekts.

Projektmanager Der Projektmanager ist verantwortlich für die koordinierte Planung und Durchführung eines Projekts. Er überprüft den Fortschritt der Arbeiten in den verschiedenen Arbeitspaketen, verwaltet und kontrolliert die Ressourcen und überwacht die Einhaltung von Meilensteinen. Er informiert regelmäßig die Geschäftsführung über den Projektfortschritt. Er ist der erste Ansprechpartner des Kunden in allen wesentlichen Fragen zum Projekt.

Projektorganisation → Projektplanung.

Projektplanung Projekte werden in der Praxis meist in interdisziplinären Teams bearbeitet. Zur effektiven Projektorganisation werden folgende Strukturelemente eingesetzt: 1. Zu Beginn jedes Projekts das Ziel definieren und schriftlich festhalten. 2. Beschreibung von sinnvollen Unteraufgaben (Arbeitspaketen). 3. Aufstellen eines Projektstrukturplans: Dieser beschreibt die inhaltliche Abhängigkeit der Arbeitspakete voneinander. 4. Erstellung eines Zeitplans/Projektablaufplans (z. B. als Balkenplan). 5. Definition von Meilensteinen.

Projektstrukturplan Übersicht über die Abhängigkeit der Arbeitspakete eines Projekts untereinander.

Qualifizierung Dies ist ein Begriff aus der → Qualitätssicherung. Er beschreibt die Art und Weise, wie sichergestellt wird, dass verwendete Geräte (Pipetten, Waagen, Zentrifugen etc.) die geforderten

Leistungsdaten einhalten (z. B. Genauigkeit der Pipetten, Einhaltung der Drehzahl bei Zentrifugen). Parallel zur Qualifizierung von Geräten erfolgt in der Qualitätssicherung die → Validierung von Arbeitsvorschriften und Methoden.

Qualitätsmanagement (QM)　Eine Kernaufgabe des Managements einer Firma ist es, Verfahren festzulegen, welche auf die Verbesserung von allen Produkten, Dienstleistungen oder firmeninternen Abläufen zielen. QM (oder auch TQM (*total quality management*) ist in der Life-Science-Branche weitgehend gesetzlich vorgeschrieben und wird durch Normen wie ISO 9001 geregelt.

Qualitätsmanagementhandbuch　Das QM-Handbuch beschreibt umfassend die Aufbau- und Ablauforganisation in einem Unternehmen. Eine typische Gliederung eines solchen Handbuches zeigt Abbildung 6.1.

Qualitätssicherung (QS)　QS umfasst alle Maßnahmen zur Sicherstellung der Einhaltung festgelegter Qualitätsansprüche an Produkte, Dienstleistungen oder firmeninterne Abläufe. Die QS ist in Normen wie ISO 9000, → GMP und → GLP etc. geregelt.

Sicherheitsdatenblatt　Sicherheitsdatenblätter (*material safety data sheets*, MSDS) beschreiben den sicheren Umgang mit Gefahrstoffen (potenziell gefährlichen Chemikalien). Hersteller sind verpflichtet, diese mit den jeweiligen Chemikalien mitzuliefern.

SOP　*standard operating procedure* (Standardverfahrensanweisungen) sind wesentlicher Bestandteil der → Qualitätssicherung in Unternehmen. Diese detaillierten Arbeitsanweisungen sollen die standardisierte Abwicklung aller regelmäßig wiederkehrenden Abläufe im Unternehmen sichern. Das Management von SOPs umfasst die genaue Beschreibung eines Ablaufs, die Prüfung durch eine zweite Person mit Unterschrift und die Information und Schulung der Betroffenen. Die SOP ist daher ein Dokument, welches formalisiert regelmäßig wiederkehrende Arbeitsabläufe detailliert und verständlich beschreibt, um zu gewährleisten, dass ein Arbeitsablauf immer zum gleichen Resultat führt. Beispiele für SOPs, die Biologen vertraute Arbeitsabläufe beschreiben, finden Sie in den Arbeitshilfen (Kapitel 9).

Spezifikation　Liste der Eigenschaften eines Produkts.

Validierung　Darunter versteht man die objektive, nachvollziehbare Bestätigung, dass die Anforderungen an eine spezifische Arbeitsmethode erfüllt sind (z. B. ein Reinigungsverfahren stellt sicher, dass nicht mehr als 1 % Rückstände zurückbleiben). Die Validierung von Methoden ist in einer Reihe von DIN-Normen geregelt (www.din.de). Vom Umweltbundesamt werden einige nützliche Handreichungen für die Praxis der Methodenvalidierung für den Bereich → Life Science bereitgestellt (www.umweltbundesamt.de).

Index

A
Abschlussreport 55
Absolventen 1, 2, 4, 7
Abteilung 17
Amerikanisches Patentamt 47
Anforderungen 52
Ansprüche 45
Arbeitsfelder 5
Arbeitsmarkt 1
Arbeitsmaterialien 73
Arbeitsorganisation 74
Arbeitspaket 20, 22, 23, 26, 41
Arbeitsstunden 23
Arbeitszeiterfassung 23, 83
Ausbildung 2
Ausbildungskonzept 11

B
Bachelor 2, 8, 10
Balkenplan 79
Bericht 55, 76
Beruf 19
Berufsmöglichkeiten 10
Berufsbild 7, 8
Berufschancen 2
Berufspraktika 2
Berufsqualifikation 2
Berufsvorstellungen 12
Bewerbung 13, 70, 71
Bewerbungsschreiben 71
Biologie 4, 7
Biologiestudium 1, 12
Blog 11, 55, 70, 73

C
claims 42
Controlling 23
corporate identity 65

D
Definitionsphase 19
Deutsches Patentamt 44
DIN 49
Dokumentation 8, 10, 57, 61
Dozenten 4
Durchführungsphase 24

E
Einsatzmöglichkeiten 8, 10
Enzyme 14, 29, 30, 50, 51
Erfindung 42
Etiketten 27, 28

Etikettenlöser 15, 16, 25, 29, 39, 55
Europäisches Patentamt 46

F
fachliche Kompetenz 8
Firmendatenbanken 37
Forschung 7

G
Gesetze 48
GLP 57
GMP 57

I
Industrie 7
Industrie-Praktikum 3
Ingenieure 3, 7
ISO 49

K
Kaufentscheidung 41
Klebstoffe 27
Kommunikation 75
Kommunikationsfähigkeit 2
Konkurrenz 36, 38, 39, 41
Kosten 23
Kostenschätzung 82
Kunden 34, 40

L
label remover 33
Laboranten 7
Laborleiter 8
Lebenslauf 72
Lehrer 4
Life-Science-Branche 8
Literatur 41

M
Machbarkeitsstudie 9, 20, 25, 26, 41
Marketing 65
Markt 30, 31, 65
Marktanalyse 30, 31, 33, 34, 35, 37, 39
Marktübersicht 39, 40
Meilensteine 21
Mindestumsatzes 53
Mitbewerber 36

N
Naturwissenschaftler 4
Normen 48, 49, 57